大樂文化

讓粉絲剁手指也要買的23個行銷技巧

只要抓住 1000 個「愛你狂粉」，
就能產生暢銷的連鎖效應！

尹佳晨、關東華、鄭彤——編著

第1章

為何他們能做到，讓粉絲剁手指也要買 015

CONTENTS

第2章 傳統經銷商消失，新零售的行銷技巧崛起 055

第3章 只要用心經營一千個粉絲，能讓你的利潤……

CONTENTS

各界讚譽

經濟學讓時間稀缺的你追求最有效的供應，佳晨一身膽氣與智慧，追前沿之風，把世上最好贈給世間最愛，本書是共享經濟2.0的商業前哨與潮聲。

——趙曉（經濟學家）

擁抱新零售已經成為行業共識，但企業普遍感到無所適從。本書從商業規律出發，獨闢蹊徑揭示Ｓ２Ｂ的奧妙之處，相信一定會讓你開卷有益。

——李旭東（中信建投證券董事總經理）

本書可以讓創業者、思考者、轉型者逐漸深入學習這個新風潮的精華。特別是Ｓ２Ｂ關於企業賦能的思路和角度，佳晨都有獨到見解。

——張鈺（供應鏈與物流協會會長）

本書基於社群屬性、多年商業高級參謀經歷，洞悉電商新零售未來。有越來越多的精英看到S2B與社群新零售的力量，並使用這樣的力量感召他人，我稱這樣的人為旗手。

——劉文楨（社群電商平台全球時刻創辦人）

由衷欣賞本書對於商業趨勢的深刻洞察，並且很高興看到這樣的好書出版。多讀幾遍，或許你也會成為商業奇才。

——劉銳（赤懿資本創辦人）

商業環境正在發生微妙而革命性的變化，在行動互聯網經濟的下半場，S2B新零售將金戈鐵馬入夢來。

——郭平（中青創投創辦人）

前言

如何在社群引爆暢銷效應？

文／尹佳晨

自二〇一七年以來，中國的中小與微型企業的創業環境全面惡化。行銷缺少管道與流量，招商缺少團隊與經驗，籌措資金缺少模式與優勢。大多數人面臨：模式不會說話，產品不會說話，人更不會說話！如何在這個時代，用自己的方式發聲，借時代風潮起飛？

有人說，電商！微商！社群！各種解藥一時間甚囂塵上！你可能是一名傳統企業主，正在尋找企業轉型的下一個救生圈。你可能是一名電商從業者，但面臨嚴重的流量成本危機，同行已經屍橫遍野，你也窮得叮噹響。你可能是微商或是從事代購，希望告別「招人升級，持續囤貨發貨」的惡性循環，夢想自己的事業能規模化、陽光化甚至資本化。

你可能是社群主或自媒體人，正發愁自己用時間和精力沉澱的流量要如何變現。你可能是投資人，正在尋找下一個價值巨大的機會。你可能已經參與很多針對個人創業者的平台，卻因為資源耗盡而無能為力。你也可能是上班族，經歷長達四十年的職業生涯，卻看不到未來成長之路在哪裡，而陷入瓶頸。

S2B將是未來五年取代電商的全新模式

再看以下這個故事。中世紀早期，威爾斯與英格蘭最厲害的戰士是長弓手。後來火槍出現，但初期的威力與穩定性都不如長弓，大部分的人都對火槍嗤之以鼻，但一些擁抱變化者認為火槍必然超過長弓。結局眾所周知。長弓難度係數高，導致作戰範圍窄，形成戰鬥力的週期較長。雖然火槍早期的穩定性與射程不如長弓，但普通人經過訓練，一天就可以擁有戰鬥力。

更何況火槍每天都在進化，進化到足以改變歷史的進程。因此，無論是過去、現在，還是將來，工具的變化一直推動著歷史的發展。

阿里巴巴的曾鳴表示：「S2B將是未來五年取代電商的全新模式。」**S2B模式的核心，就是供應鏈服務平台（S）提升中小微型企業（B）的獲利能力。**正如茫茫大海中，無處安身的戰鬥機即將燃油用盡，無力戰鬥更無法返航，而現身的航空母艦為戰鬥機加油、保養、維修、裝彈，讓它們重新起飛。例如共享單車、共享充電寶，今天我們共同享用世界級的頂尖供應鏈。

從長弓手升級為火槍兵，一種更簡單、便捷的工具形態出現了。從小木筏升級為航空母艦，一種擁有強大後台的創業方式出現了。在優勢的供應鏈平台上，能力被提升、一起協同合作，重新喚醒社群的裂變力。

本書將探討，**S2B這股力量將如何改變我們的大消費領域，在各行各業發生一系列的深刻變化，大消費領域向來是創業者的伊甸園，因為它攸關千家萬戶、國計民生。**相對地，大消費領域也是創業者亂葬崗，因為它極其多變、波濤暗湧，而且險象環生。

❖從行銷與商業模式視角，解析供應鏈服務

我能夠完成本書，首先要感謝日本榮進商社的李征社長。正因為二〇一六年的日本供應鏈遊學，李社長帶領我和一行企業家，考察中日兩國差異較大的「生物科技和抗衰老」領域的核心科技與供應鏈發展，才激起我改變了習慣多年的行銷與商業模式視角，踏入供應鏈服務的深入研究之旅。

同時，感謝清華大學工業工程學院張鈺老師，在供應鏈管理實務與教學研究方面的經驗，充實了Ｓ２Ｂ模式在Ｓ端的許多案例，並帶給我一片廣闊的發揮空間。還要感謝孫洪鶴老師在自媒體行銷方面的真知灼見，在無數次把酒論道中，他在自媒體先進領域的實踐讓我看到，中小或微型企業的創業者在能力提升後，可以創造出的可能性。

此外，感謝吉林參愛集團的安百軍董事長，努力不懈地打造長白山供應鏈，為Ｓ２Ｂ視角下本土企業區域優勢供應鏈的創新與發展，提供真實且動態的實踐經驗。還要感謝趙曉老師《共享經濟2.0》的前瞻思想，為Ｓ２Ｂ理論的實踐與方法，提出經濟學原理上的指針與格局。

更要感謝我的妻子李鈺，沒有你和兩個孩子的支持與寬容，本書內容將無法呈現在廣大讀者眼前。

就業形式在改變，財富分配方式在改變，創業形式更在改變，共享經濟與分享理論正在以前所未有的速度，改變經濟與創業者的生活方式。我們有理由相信，Ｓ２Ｂ的崛起將成為連接新經濟與傳統經濟的橋樑，並且在轉型升級的當下，成為人人都要了解的思考方式與創業模式。

第 1 章

為何他們能做到，讓粉絲剁手指也要買

【蔬果農產】宋小菜採用反向供應鏈模式，打通3環節

馬雲在雲溪大會（註：近年來中國最大的科技盛會，吸引產官學界超過三萬人參加）上表示，未來三年電子商務很快會被淘汰，並且被新零售取代。

馬雲在接受全球社交電商論壇的採訪時，被問到：「新零售和社交電商，與過去的傳統企業經營模式相比，到底有什麼巨大差異？」他這樣回答：

1. 在觀念上的不同，過去以商品為出發點的零售不好做了，今天的零售已變成以顧客為出發點。
2. 過去的品牌建構模式是自上而下，今天變成了自下而上的平行模式。

3. 行銷變得越來越沒有效果，過去的行銷是消費者不知道買什麼，經銷商要把某個商品賣給消費者，而今天的行銷變成了社群營運的方式。

今天，賣菜這個行業如何能夠做到S2B？在很多人的理解與認知中，賣菜大多是在市場裡有很多菜販。其實，賣菜是一個非常長的產業鏈，從上游的農作產地，一直到下游的消費者餐桌，這個產業鏈中有非常多的創新機會。

❖ 蔬菜平台運用S2B模式，4步驟銷售農產品

舉例來說，有一個平台叫做「宋小菜」（註：創新的生鮮產業服務平台，提供數字驅動的生鮮供應鏈解決方案，採用以產定銷的反向供應鏈模式，解決蔬菜市場中的產銷難題），這家公司把整個蔬菜的銷售過程，拆解成幾個步驟。

以前菜販去批發市場買胡蘿蔔，大清早天沒亮就要摸黑出門，而且大多數時

候，買賣都是由雙方一錘定價，交易完就走了，雙方不會有什麼交集，更別說買方向上游提出建議。但今天，這一個部分被分成四個步驟。

第一步：菜販的胡蘿蔔首先透過訪談整理，保存基礎資訊，並登錄到APP應用程式當中。舉例來說，北京的買家喜歡L型的帶泥胡蘿蔔，上海的買家喜歡S型的水洗胡蘿蔔，武漢的買家喜歡M型的中型胡蘿蔔等等。

第二步：工程師將這些需求結構化成為商品描述，並且顯示在前台。

第三步：把這幾種胡蘿蔔放在平台上進行預售，將蒐集的訂單按照北京、上海、武漢拆分出來。

第四步：在賣家的APP應用程式上，出現各種胡蘿蔔的訂單後，他們會接單，有組織地生產、包裝並發貨。

在兩個大量的標準化資訊基礎上，目前宋小菜已經成為全中國第一個也是最大的蔬菜商品庫。

基本上，**蔬菜商品有三個非常重要的環節：從蔬菜本身、運輸物流到個人消費者，而全鏈路數據打通這三個環節**。商品庫是基礎設施，全鏈路的資料閉環是必要條件，而資料應用則是關鍵。

這時候你可能會發現，剛才的胡蘿蔔還沒有完成步驟，還差最後一步給予評價。菜販收到貨物之後，可以在評價欄當中向上游提出改進意見，例如：包裝太好或是包裝不足，這種評價往往在降低損耗方面發揮巨大的效益。這就是資料的價值。

❖ 在人、貨、車之間，實現最優的組織和回饋

宋小菜目前採用全鏈路的資料思維，在人、貨、車三者之間，實現所有環節最優的組織協同和應用回饋。

目前宋小菜有三個版本的APP應用程式，包括買家版、賣家版和司機版，這打通了底層的資料庫，讓四萬多個蔬菜零批商、一千一百多位司機、兩百多條全國主要路線，在宋小菜平台上，輕鬆實現了生產與銷售這兩個領域的對話，以及人、車輛、物流之間的溝通，包括：

1. 買家透過實名認證、進貨、退賠、評價這幾方面的資訊，讓下游服務的產業類型全程透明。
2. 司機透過實名認證、車輛、裝載、滿載、物流這幾方面的資訊，實現目標路徑最短。
3. 賣家供應鏈具有認證、蔬菜等級、包裝、批次這幾方面的資訊，並且可以追溯至產地。

過去我們總是認為，中國的供應鏈與日本有很大差別。日本的每一顆蔬菜都

圖表 1-1　數據化

可以追蹤到產地，甚至追蹤到種植蔬菜的農民照片。不過，現在**宋小菜不僅資訊透明，而且可以即時傳輸給上游，更有效地改進生產流程**。

這樣進行資料化帶來什麼好處？如果使用者完成採購，代表產品受歡迎；如果預售的蔬菜都無人採購，則代表產品不受歡迎。運用大數據演算法，在後台進行計算分析，再進行下一次改進。

全面的資料化（見圖1-1）、行動化、資料閉環化，使蔬菜可追溯、可退賠、資料動態化。在這三點循環往復，不斷提高並精進服務品質，提高配對效率和價值，使蔬菜的運轉形成一個資料網路，協同所有相關領域實現動態優化。

宋小菜可以按照客戶需求，客制化管理供應鏈，來滿足任何節點中的需求，把司機、賣家及客戶整個底層的資料全部打通，讓資料在整個資料鏈和供應鏈中循環起來。

❖宋小菜的貨品損耗率僅0.5％，回購率高達70％

二〇一七年我們驚喜地發現，在這樣精細化的資料運轉之後，宋小菜的蔬菜損耗率直接降到〇・五％，相較之下，整個行業的蔬菜損耗率是四〇％，一些做得比較好的超商也只能達到一五％。這在在說明了，宋小菜對整個產業鏈創造出巨大的價值。

這裡有一個常識要告訴大家，很多人都認為蔬菜的主要成本是中間商成本，其實並非如此。基本上，蔬菜、水果及生鮮產品最主要的成本是損耗成本，所謂「損耗」包括了腐爛、不需要與扔掉等部分，基本上占了四〇％，有時候甚至更高。

然而，宋小菜S2B平台資料化，實現了即時回饋、流程不斷反覆運算、處理範本標準化，能夠有效率地組織人、貨、車三方面的協同合作，最終實現對農業產業鏈的再造。

S2B的實踐不僅是一種新零售模式，對於賣菜小B而言，也是一種新批發模式。但無論是零售還是批發，其實只是在流通數量上有差別而已，最終模式是否能夠成立都是由顧客來決定。

另外，還有一個資料可以驗證菜販是不是真的選擇你，那就是回購率。宋小菜內部有一個回購指標：七天內不小於四次的購買可算作一個回購。目前，在宋小菜平台上，顧客回購率已經達到近七〇％，這個數據顯示出宋小菜已成為許多供應商的主要採購通路。

再看賣家端的通路占比，宋小菜占據了賣家端五〇%以上的通路，同樣成為最主要的銷售管道之一。二〇一六年的第三季，宋小菜看到這個臨界點的出現。當時，宋小菜平台上出現了第一個完全關閉線下店家的蔬菜銷售商，而過去的蔬菜銷售商多半是透過線下店家進行銷售。

❖ 菜販大姐的無店鋪化營運，月營收突破5千萬

在上海有一位銷售蒜薹的朱大姐，原本一年只有三十多天能夠回老家，長年與老公、孩子分居兩地。

但是，二〇一六年朱大姐與宋小菜合作三個月之後，她就把店賣掉，開始進行徹底的無店鋪化營運。現在只在宋小菜的網上接單，然後在老家組織蒜薹的生產、加工、分級、包裝，在保證品質的情況下，再把貨送到指定的地方，這樣就

完成了數萬斤蒜薹的銷售。二〇一六年，她單月有五千多萬元的收入，比原本單月一千多萬元的收入，提升好幾倍。

這位朱大姐並不是特例，目前在宋小菜平台上，很多供應商的月營業額都已經超過五千萬元。

新零售一方面透過資料的閉環提高了營運效率，另一方面改變從業者的生活方式。因此，新的通路、商機、服務價值及滿意度，都是宋小菜在S2B當中的巨大創新。

我們只是簡單地將S2B理解為在零售、民生消費品、地產、服務業這幾個領域的模式，其實今天S2B模式已經迅速進入許多行業的創新機會當中，希望你可以找到屬於自己所在行業中的創新機會。

【醫療美容】新氧透過線上整形日記，呈現場景和體驗

相較於一般的零售業，服務業實行S2B模式時，有許多不一樣的難處。**服務業更需要向線下服務，有非常多的煩瑣細節，更需要人對人的服務**。這些元素使得服務業存在一些共通難點，例如：獲客成本（註：Customer acquisition cost，簡稱CAC，意指獲取一個客戶所花費的成本）比較高、很難標準化、人員流動率高與流失率特別高等等，並且限制了服務業的發展。

接下來，我們看看一個似乎最難標準化的服務業，也就是醫療整形美容產業，是怎麼做的。

數年前，醫療整形美容產業出現了爆炸性成長，我曾經在育成中心輔導一個

醫美公司老闆，當時他開設六家店，企業經營遇到嚴重瓶頸，出現很多問題。

首先，該公司的獲客成本非常高，一般來說，醫美業的獲客成本為三萬五千元至五萬元，而且收入的五〇％至六〇％要給中間通路商。而且，培養醫師極不容易，好醫師可說是奇貨可居，其實這個問題存在於很多服務業中，像是美髮業、牙科等。

當時這位老闆要做孵化育成，我問他一個問題：「醫美業有一個商品叫玻尿酸，你們賣多少錢？」他告訴我一隻賣四千五百元，我一聽立刻用手機打開一個APP平台，告訴他在這個平台上玻尿酸只賣一千四百九十五元。這位老闆回應：「不可能，這個價錢連成本都不到！」

❖ 新氧採用S2B模式，顛覆醫美業的遊戲規則

事實上，這個平台就是「新氧」。新氧這家公司不只玻尿酸賣得便宜，而且

經營得非常好，已經取得多輪資金挹注。

但是，當我仔細研究新氧時，發現它一直相當低調，卻採用Ｓ２Ｂ的模式，為廣大的整形醫療院所賦能。目前新氧已經覆蓋了一百六十個城市、五千多家醫院，平台上有一萬五千多位醫師，一年中有數百萬筆的訂單在平台上完成。二〇一六年，這家公司的線上交易額超過一百億元，而且二〇一七年第一季就達成前一年全年的銷售額。

其實，新氧讓醫美業的獲客成本，從原來的三萬五千元至五萬元，降到一千五百至三千元，直接下降幾十倍。

更讓人驚訝的是，新氧的顧客轉化率達到二七%，而且客單價突破一萬五千元；二次回購率達到九二%，購買六次以上的顧客占了二七%。另外，新氧擁有獨家的醫美資料庫，二〇一七年第一季，這個平台上就有一千六百萬的註冊使用者，這些資料徹底顛覆了行業的遊戲規則。

很多人都知道，醫美業有以下特點：

1. 每一個服務都是非標準化，需要客製化。
2. 尤其是微整形領域，需要開刀做手術。

許多女生非常擔心和顧慮第二點，因此顧客對醫院、醫師及商品有很多的不了解、不放心。那麼，以前怎麼破解這樣的問題呢？

基本上，傳統醫美業多半選擇與傳統美容院合作，將收入的五〇％至六〇％分給傳統美容院。然而，新氧大膽地提出O2O模式，新氧公眾號每天更新三至五篇關於明星整形的文章，而每一篇文章的基本閱讀量都是十萬。新氧有一個營運團隊持續營運公眾號，不斷地生產和傳播新的媒體內容。

❖ CEO力排眾議，用返利推動整形日記

更重要的是，新氧在二〇一四年啟動一種革命性作法，就是積極鼓勵已完成

治療的客戶，將他們做微整形的整個過程全部展示在新氧APP平台上。

這是一個大膽嘗試，起初在新氧內部引起非常大的爭論，有些人認為，在醫美治療過程中，這些照片可說是客戶最不想曝光的部分，展示出來會讓他們覺得難堪。我們都知道，醫美整形或微整形只有在完成後才是最美的，而其過程往往慘不忍睹，客戶會願意公開嗎？潛在顧客會願意看嗎？

其實，顧客對於整形前與整形後一週的恢復，有非常強烈的恐懼感。基本上，這種恐懼感的產生源自於他們不太了解醫師、手術及公司。然而，在新氧平台上做過同類手術者的經歷、感受、症狀及最後效果，對顧客具有撫慰、教育、塑造信任的效果。

因此，新氧CEO金星力排眾議，決定一定要做術後恢復日記，這就是整形日記的最初原型。萬萬沒有想到，這件事情的效果非常好，用一句話概括就是「花錢返利，購買買家秀」。

很多人在做醫美整形時會顧慮價格，因為相關療程少則幾千元，多則數十萬元。不過，人人皆有愛美之心，於是在迫切追求美的時刻，會有打折返利的需求。所以，新氧的作法就是給客戶返利，公司要求客戶每天記錄在整形後恢復過程中的心得、照片及文字，並且發布在平台上，然後將客戶的整形美容費用回饋給他們。

這種作法的效果非常好，客戶紛紛把自己整形後的照片放在新氧平台上，讓原來沒辦法實現互動、場景及體驗的醫療整形美容，變得在線上就可以看到場景、體驗與使用者見證，進而了解整個過程。

這讓顧客內心的疑慮得到很大的安慰和鼓舞，極有效地促進成交。目前，在新氧平台上，累計已發布三百二十萬篇的整形日記。也就是說，在新氧平台完成了S2B的過程。

新氧的S是透過客戶整形日記形成內容的新媒體矩陣。有了內容的新媒體矩陣之後，客戶透過整形日記、直播等方式，把新的流量導入新氧平台上，產生巨大的顧客流量。新氧以自家的內容供應鏈、新媒體供應鏈及流量供應鏈，為線上五千多家醫院、一萬五千多位醫師（分布於一百六十多個城市）進行賦能。

❖以醫師和顧客為核心，建立新型服務業體系

這裡要強調一個重點。**新氧平台沒有把醫院當成核心，而是將醫師和顧客當成核心，而這才是新型服務業的本質。**服務業最後的價值交付與信任建構，都是基於服務者與被服務者之間建立的關係。

新氧的顧客可以在線上查看醫師評價、與醫師進行私訊諮詢，還可以在線上諮詢並直接下單，在此同時，醫師會在線上與線下因應，並提供服務。在服務完成之後，客戶需要撰寫術後整形日記，傳送至線上發揮回饋效果，最後完美地實現O2O的閉環。

因此，在新氧平台上，我們可以看到每位醫師擅長的領域，有的擅長矽膠隆鼻，有的擅長開眼角，有的擅長豐胸。你看到某位醫師擅長的領域，也可以看到

他積累哪些案例。如果你想要進一步了解，點擊後就可以查看。每位真實客戶的整形日記都有圖片、文字、真相，你還可以與醫師進行私信諮詢。

透過這一系列O2O的閉環，新氧真正實現了透過內容供應鏈、新媒體供應鏈、流量供應鏈，為醫院賦能，讓醫院更加專注在技術方面，也讓整個流程從行銷、下單，到售後服務、客服，都可以透過新氧平台完成。

如此一來，平台承包了許多醫師要做的事情，讓醫美業的獲客成本從原本的三萬五千元，降到目前的一千五百至三千元。

新氧平台為了完成這樣的供應鏈，派出幾百位商務人員實施「安全一〇〇計畫」，推出嚴選的專案套餐，設置五重安全保障，保證百分百正品、百分百實地考察，保有醫療整形美容的保險，採行「未消費閃電退」（註：意指預約成功但未消費的個案可以申請退款，公司不需要審核便立即退款）。

這些商務拓展人員深入一百六十多個城市的醫院核查機制，並且在它們內部建立嚴格管理和有效激勵的體系。當新氧把一切都聚焦在供應鏈的掌握與保障時，才有能力向下為顧客提供服務，並且向上為醫院和醫師賦能。

❖做好3件事，最難標準化的服務業也成功轉型

以前，對於醫療整形美容業來說，轉型成為創新服務業的S2B零售模式，似乎是無法做到的事，因為信任成本極高、流量成本極高，而且商品極不標準化，幾乎都是客製化。但現在新氧平台做到了，我認為這主要有三個原因：

1. 實現服務業的零售化，透過整形日記，將場景、體驗及互動線上化。

2. 活用供應鏈，包括醫院和醫師的供應鏈管理、品質管理、嚴格的排查體系（註：意指對某個範圍內的所有人或物，逐一審查或檢查），形成了一張覆蓋一百六十個城市、五千多家醫院、一萬五千多名醫師的價值網路。而且，透過新媒體內容與流量，為醫院和醫師賦能。

3. 致力將C轉化成B，將客戶轉化成傳播者與銷售者。有不少整形後變得比較漂亮的女孩，把新氧平台當做她們的第一或第二職業，因為她們透過直播與美麗日記，不僅獲得現金回饋，還取得銷售比例分紅。

新氧形成一條完整的產業鏈，連結醫院、醫師及顧客，完成服務業S2B新零售模式的轉變。

【養老產業】整合醫療照護的軟硬體，擴大思秋經濟商機

中國目前已經告別「思春經濟」（註：以青春期人口為目標客群的商業模式，基本上男性為十四至十六歲，女性為十三至十四歲）與人口紅利，進入「思秋經濟」。「思秋」這個名詞，源於日本著名精神科專家和田秀樹（見圖1-2）的著作《思秋期》，而我很榮幸成為該書中文版的發行人之一。

我們可以預料，**思秋期將會成為未來二十年非常重要的關鍵字，因為整個經濟體系背負高齡人口的擔子，將會越來越沉重**。

那麼，思秋經濟將催生什麼樣的商業機會？

其實，中國在一九九九至二〇〇〇年就已經進入高齡化社會。那麼，怎麼評

圖表 1-2　和田秀樹

估是不是高齡化社會呢？一般來說，高齡化的國際標準是六十歲以上的人口占總人口的一〇%以上。中國現在大約是一七%，接近二〇%，預計到二〇二五年，六十歲以上的老年人將突破三億人。

社會上的養老需求非常龐大，養老產業投資非常旺盛，卻都只是在皮毛。為什麼會這樣呢？

原因在於，儘管有明確的養老目標指引，今天中國的養老體系沒有完善，養老服務的供給還是明顯不足。

再加上中國市場是一個高度依賴房地

產經濟來推動的經濟結構，所以首當其衝的是蓋房屋，各種養老設施的投資一時風起雲湧。

然而，蓋出很多房屋之後，卻面臨嚴峻的問題，養老服務不只是房屋，還有一個非常複雜的體系，包括服務機構、配餐服務、養老設施、床位、醫療、藥品、金融服務等。

❖逐步實現「九〇七三」的養老型態與目標

政府已明確提出「九〇七三」的養老目標。其中，「九〇」是指九〇%的老年人居家養老。「居家養老」有別於機構養老，是指讓老年人在家中安居，並由社會提供養老服務的一種方式，也不像傳統家庭的自然養老，而是一種以家庭為核心，以社區為依託，並以專業化服務為基礎的社會化服務，主要為居住在家的老年人解決日常生活問題。

「七」是指七%的老年人進行社區養老。社區養老以家庭養老為主，以機構養老為輔，結合了兩種養老模式的優點，讓老年人不用離開熟悉的社區與居家環境，就能享受到豐富的養老服務。社區養老整合了正式照顧和非正式照顧資源，來為老年人提供基本的生活照料、精神慰藉，以及家庭外的醫療保健服務等。

「三」則是指三%的老年人在機構養老，是一種由專業機構針對老年人進行養老護理的模式。

實際上，雖然政府提出這樣的目標，但我們發覺實現目標非常困難，因為中國到了二〇二〇年的時候，六十歲以上的老年人一般來說可以分為三種：

1. 失能：將占一七%左右。
2. 高齡：將占一二%左右。
3. 空巢或獨居：將占四九%。

另外，還有其他不屬於這三類的老年人。實際上，養老具有不能忽視各類族群的特點，然而中國崇尚儒家文化，養子防老是傳統文化中一個很重要的部分。現今，許多人即使將自己的父母送到養老院，但內心還是非常忐忑不安，畢竟有傳統文化的負擔。

在這樣的背景下，日本養老的發展經驗給我們很大的啟發。**日本的養老以家庭養老為主，也就是「九〇七三」模式。**日本成功的養老經驗，給我們帶來一個巨大的機會，將催生養老行業S2B化的發展。

S2B化意指背後有一個大型的供應鏈服務平台，由供應鏈去服務平台上的一個個小B，為小B賦能，然後由小B服務C。供應鏈平台包括醫、藥、研究開發、服務、金融、地產等一系列的供應鏈，統一為小B賦予能力。

其實，這個B一定不是今天的養老院，在未來將是滿足九〇%居家養老的護工，因此後面還包括了推動護工的培訓與認證、提高護工服務能力，以及透過行動互聯網為護工和老人進行協同服務。S2B化將是養老產業的一個非常重要發展方向。

「九〇七三」模式的背後是巨大的市場，占九〇％的居家養老實際上是以家庭為核心，以社區為依託，並且以專業化的服務為基礎，但今天我們面臨的問題是，建造很多養老地產，但是這些地產的入住率卻非常低。

❖如何讓中高年生活健康愉快？由此發掘商機

現在社會上養老地產呈現的狀態，簡單地說，就是人們比較相信國營設施。國營設施的養老門票一票難求，但是一般的民營與私立養老機構很多時候卻沒有人入住，至於高級的私立養老院則往往一位難求。

舉例來說，在北上廣深這樣的一線城市，拿五百萬元進入高級養老機構，只是一個基本門檻，甚至有時候還不一定能排得進去。

從表面上來看，社會上每一千位老年人擁有的養老床位數，以前可能只有十幾個，而目前在政府政策主導之下，目標提升為三十至四十張個，而且護理型床位不能低於三〇%，任務非常艱巨。

這也意味著，我們必須透過後端的研究開發、服務、培訓、知識、系統及醫藥等一系列的供應鏈，包括之前提到的養老配餐服務，為擔任照護人員的小Ｂ與小型私立養老院賦能，進而形成完整的養老產業。

和田秀樹提出的**「思秋期」這個名詞，討論人們應該如何在生理和心理上，更加健康愉快地度過中高年的生活**。這引發了我一連串的思考：思秋期經濟將會有巨大的成長。

除了Ｓ２Ｂ新零售模式之外，還有一個更大的機會就是ＲＳ２Ｂ。所謂ＲＳ２Ｂ，是指在上游研發端和技術端將研究開發也併進來。

中國有很多養老科技、科技研發機構，但是距離世界一流養老服務還有很大差距，我們不能只看房地產，軟體才是養老服務的核心和關鍵。

因此，將來應該將研發端合併進來。針對後端消費者需要什麼樣的養老服務、養老商品，上游要去研究開發，尤其是在醫藥、技術、基因學等領域。例如，城市的霧霾空汙導致癌症發生，這一系列的課題會促使研發端、技術端，快速併入大型供應鏈服務平台，共同為小B賦能。

將來，賦能的範圍將從小型私立養老設施，擴展到照護人員的領域。我認為照護人員將成為一種急切需要的工作，擁有巨大收益潛力。

因此，養老供需失衡的矛盾是養老市場留下的空白，而這樣的空白為養老產業的發展留下無限商機。

【家居零售】優家購銜接多面向服務，滿足一站式購物需求

從大賣場時代到Ｂ２Ｃ時代，再到後來Ｏ２Ｏ電商的過程當中，家居零售業其實一直存在一個問題，那就是消費者居家體驗十分零碎，而且業者尚未從根本上加以改善。消費者購買家具的時候，心中的考慮非常多元複雜，並不是只看一件家具，而是會思考搭配家具的場景。

近年來，政府的政策導向使得成屋住宅迅速普及。某種程度上，這使得Ｓ２Ｂ在顧客一站式的整體需求當中，占據一個重要戰略地位。具體來說，政策目標是在未來十年內，全面普及成屋住宅，新開工的全裝修成屋住宅面積比例，將達到五〇％以上。

這意味著，未來城市中的建案將以成品的形式交付給買主，從事室內裝潢業務的公司勢必得轉型，切入新的下游家居業務，但是也不得不受限於「最小存貨單位」（註：Stock Keeping Unit，簡稱SKU，又稱作最小庫存管理單元，是指包含特定的自然屬性與社會屬性的商品種類，在零售連鎖門店管理中被稱為單品）快速膨脹的壓力，以及軟體設計方案。

無法為顧客提供場景體驗的業者，將面臨銷售困境。眾多家居建材的經銷商，儘管擁有一定的線下客源，但是家居建材市場過度分散，使他們難以滿足顧客的整體需求。

❖業者能力與顧客需求之間的落差，該如何解決？

過去整個產業鏈的分布中，任何一個家具經銷商只做一種品項，供應鏈的能力範圍非常有限，這與消費者一站式配置家居的需求，產生巨大的落差。那麼，該如何解決這樣的問題？

1. 有一個平台稱為優家購，採取全新的S2B模式

優家購平台上有三百多個第一線的家具品牌，擁有優質的本地供應鏈資源，並且透過平台化以及當地語言化的模式，打造了統一的供應鏈平台，再把平台分享給與其合作的經銷商，讓他們可以為C提供整體的居家解決方案，擴大了經銷商供應鏈的勢力範圍。

2. 優家購為各家商店提供場景化的交易工具

優家購3D模擬器讓經銷商從以前的坐商變成行商（註：古代稱開店營業的商人為坐商，顧客自己會上門，相對地，行商則需要到處吆喝攬客）。具體來說，經銷商利用iPad，在與顧客溝透的過程中，就可以當場把平台上的各類家居商品，立刻轉化成3D呈現的設計方案，而且還可以現場下單、調整及優化，擴大了

經銷商供應鏈的勢力範圍，同時為經銷商的行銷販售武器進行賦能。

這樣做的好處是驅動銷售行為的線上化，並且讓整個行業快速資訊化。同時，由於大量蒐集了消費者C端的資料，經銷商可以進行分析研究，反向了解與整合當地消費者的偏好和購買情況，不斷優化自身方案與家具的配搭，進而能夠針對顧客需求提出個性化的推薦。

透過這些資料進行顧客素描（Customer Profile），研究顧客的各種情況，進而做到精準行銷，更加準確且有效地服務當地消費者。

❖ 用S2B打破既得利益者生態，優化供應鏈

到了最後，這種模式受到廣大經銷商小B的歡迎，因為解決了小B的幾個核心痛點：

1. 提供一站式的解決方案，滿足消費者一站式的購置需求，同時排除了小B自身供應鏈範圍狹小，而可供貨商品種類成長快速的矛盾衝突。
2. 建構經銷商與經銷商之間的互動和銜接。
3. 幫助經銷商直接與第一線家居品牌進行直達式的對接，省去中間環節。

家居業是一個中間環節非常多的行業。但是，**利用S2B可以打破既得利益者的生態，改變層層壓貨的供應鏈體系，從小B和顧客的角度出發，優化整個供應鏈**。同時，一站式地為經銷商提供3D設計器的軟體服務，做到從軟體、素材、行銷系統到供應鏈的全鏈路服務，打造出家居零售業的超級供應鏈。這也是供應鏈和超級供應鏈之間的巨大差異。

透過這個案例，大家可以理解，供應鏈只是簡單地從研究開發、生產製造、物流倉儲到銷售通路的過程，而超級供應鏈與普通供應鏈相比，更像是一張網。這張網銜接了在地化、平台化，以及經銷商與經銷商之間的資料化服務、行銷服務、互動服務，將大量的資料底層全部打通，並且運用資料反向再去服務小B經銷商。

改變以前偏向交易的局面，變成著重賦能，把以前只是追求「賣得好」，變成今天的「更好賣」，把過去只依靠商品銷售來獲利的單一模式，變成今天的獲利模式多樣化，既可以運用資料和販售商品來獲利，也可以透過一系列的切入口為小B賦能，使平台獲得利潤。

❖ S2B的模式，已普遍出現在各行業

其實，從某種角度來看，如果像過去只是強調交易，將導致供需關係惡化，一旦這種供需關係持續陷入谷底，將導致所有的商品完全以價格為導向。

現在必須調節供需關係，因為提供的是多樣化的價值服務，包括供應鏈、通路、物流、一件代發（註：意指即使是一件商品，也願意出貨）、售後客服、大

數據，甚至包括金融、流量推廣、行銷、教育培訓等一系列服務。

今天，**S2B中的S實際上是一個超級供應鏈，用超級供應鏈去賦予小B能力，**無論在零售、家居、地產或生鮮水果等領域，都出現S2B的風潮趨勢。

重點整理 01

- 蔬菜商品有三個重要環節：從蔬菜本身、運輸物流到個人消費者，而全鏈路數據打通了這三個環節。
- 新氧平台將醫師和顧客當成核心，實現服務業的零售化，活用供應鏈為醫院和醫師賦能，並且將客戶轉化成傳播者與銷售者
- S2B化是指背後有一個大型供應鏈服務平台，由供應鏈去服務平台上的各個小B，為小B賦能，然後由小B去服務C。
- 運用S2B能打破既得利益者生態，改變層層壓貨的供應鏈體系，從小B和顧客的角度出發，優化整個供應鏈。

e-commerce

NOTE

NOTE

第 2 章

傳統經銷商消失，
新零售的行銷技巧崛起

小B蒐集C端資料讓S端調節供需，合力引導消費

S2B如何引導供需調節？二〇一七年五月二十六日，馬雲在貴陽國際數博會中再次鼓吹新計畫經濟，他擁有著商業教主的光環，身懷巨大的成就，讓人們高度認同他的觀點。

但是，現在我們面臨的總體經濟環境是：當貧富差距擴大時，資源再分配的呼聲就越來越高，政府也對「資本大鱷」（註：意指縱橫於資本市場的大機構和大資金）進行一系列的打擊，可說是回應社會的期待。而且，小B（中小微企業）面對C端的生意也越來越難做。

如果整個經濟已經進入供給過剩的時代，在越難越難抓住消費者心態的情況

下，將對政府產生一定的誘因，藉由計畫經濟，依照供需來分配資源。因此，調節供給可說是從政府到民間的共同心聲。

可是，計畫經濟到底是什麼？計畫經濟與經濟計畫之間有什麼差異？

❖計畫經濟VS.經濟計畫，概念和作法都不相同

我認為，經濟計畫與計畫經濟是經濟學的兩個基本概念。經濟計畫只是一種方法，在微觀企業層面和政府層面都可以使用。若是從這個角度，討論大數據和人工智慧對未來人類經濟的影響，經濟學家大概都不會有什麼意見。

舉例來說，德國的工業四・〇理念帶來C2B模式，讓消費者提出需求，供應鏈按照需求來設計商品，如此一來，便減少甚至直接消滅供需落差或庫存的問題，大大地降低社會成本。但是，這只是一種更高水準的經濟計，與計畫經濟完全是兩回事。

計畫經濟是國家的經濟體制，是一整套經濟體系，包括國有制的微觀產權、經濟權利的集中決策，以及政府對資源的主導配置等一系列的施政內容，它和私人的微觀產權、市場主體的分散決策及市場對資源配置的主導所形成的市場經濟，形成了水火不容的兩種經濟體制。這兩種經濟體制在人類不同時間段都被應用過，如羅斯福在美國經濟危機的時候就採用過凱因斯主義。

那麼，今天中國的經濟環境是什麼樣呢？

嚴格來講，Ｃ２Ｂ幾乎是一個無法實現的理想，有些人認為青島紅領（註：創建於一九九五年，主要在生產與經營高級衣褲、襯衫、西裝、休閒服飾等商品）就是Ｃ２Ｂ或Ｃ２Ｍ的典型案例，其實大家只知其一、不知其二。

青島紅領非常傑出，從前端供應鏈、生產設備資訊化、資料蒐集，到輸入末端資訊系統，在短短幾分鐘之內，就可以按照每位顧客的身材，量身訂作出一套適合顧客體型的衣服。

很多人認為這是Ｃ２Ｂ或是Ｃ２Ｍ，其實大家忽略一個很重要的事實，那就是青島紅領在全中國有數萬個中間的小B。這些小B在做什麼？

青島紅領引導消費，從C端蒐集身材資料，並且把資料上傳到S端（供應鏈），再由S端製造商品回饋給顧客。透過這個案例，我們可以看到C2B加上大數據，才可能接近經濟計畫，而它與計畫經濟是兩個不同概念，甚至距離經濟計畫很遠，所以這是不切實際。

❖ 小B與大S各取所需，需要對方能量

馬雲因為有大流量和大數據做為核心優勢，所以他今日的事業已不只在中國，而是放眼全世界。因此，他才會提出「新計畫經濟」這種非常大、極具爭議性的概念。

透過這個案例可以看到，不管是C2B還是S2B，中間小B扮演的角色價值都是不可或缺的，因為經營C端的生態越來越惡化，**越來越多的小B都要與S合**

作，變成航空母艦上的戰鬥機，去服務C端。S端同樣也需要小B，去解決獲客成本、引導消費人性化服務、資訊蒐集等一系列的問題。

那麼，馬雲提出的新計畫經濟到底成不成立？

1. 新計畫經濟的關鍵在於小B，他們在整個供應鏈中扮演重要角色。

在我看來，未來小B需要實現引導消費、壓低流量成本、獲得更好的顧客，同時發揮在S端蒐集資料等一系列的功能。但是，我們不能忽略，今天小B更需要具備普通C端消費者的特徵，因為小B既是消費者也是經營者，於是他變成一種獨特形式的S2C，而這個C不過是具有多重身分而已。因此，市場這隻無形的手仍然發揮巨大的作用。

2. 小B具備經營者的身分，同時幫助S端調節供應鏈供需之間的矛盾。

舉例來說，我投資的一家跨境電商企業，早期從日本進口一批膳食補充劑和美妝產品。很多人都知道，日本是員工序列制和終身雇用制的國家，因此日本的供應鏈相對上比較僵化，不是想生產多少就可以馬上生產多少，而是需要幾個月的時間做準備。

另外，他們不願意輕易增加員工，因為雇用會增加很多成本，所以我們與日本公司合作的時候，一方面要顧及日本的供應鏈，另一方面也要顧及國內小B的市場。

如此一來，經常出現一個衝突：我們不知道應該生產多少，才能夠滿足市場的需求，假如生產一萬件或一百萬件商品，若在市場上不夠賣，就意味著一種損失；若在市場上賣不掉，就意味著巨大的庫存。

如果只是簡單地用計畫經濟來解釋這個問題，那麼生產一百萬件還是一萬件，到底是由什麼來決定呢？

在S2B模式當中，由S端的觸角小B蒐集C端的資料，並進行反推分析，而

S端則決定如何進行供需的配置。此外，生產量還取決於在S端與C端的互動過程中，所產生的消費數據、顧客素描、C端過往消費記錄分析，這些資料讓S端具備調節供應鏈的能力，因此小B扮演的角色越來越重要。

❖ 現今的大數據分析，面臨3個嚴重課題

我認為未來是計畫經濟還是經濟計畫，並不完全取決於大數據的程度，因為當前大數據分析面臨三個問題：

1. 資料高度分散，因此任何一家企業都無法擁有完整的消費者資料，資料的產權分布在各個不同的市場主體當中。

2. 大數據是事後諸葛，事後才能夠進行分析和做出結論，但是供應鏈的供給指導需要對未來的生產與生活進行預測，這種預測往往取決於我們的資料量和資料

維度是否足夠飽滿。

3. 如果一個國家禁止非政府機構蒐集和分析經濟資料，所有相關數據都是國家機密，必須統一歸屬管理，那麼可能會產生一個全知全能的中央政府，根據資料調節經濟狀況應該能夠奏效，但是有誰願意生活在這樣的一個國家呢？

資料的不完備、資料產權的分散，以及普通C端消費決策的分散，都越來越展現出小B在其中扮演的價值。

隨著大數據和資料層面不斷地豐富，或許能夠實現經濟計畫，但是計畫經濟則無法實現。其原因在於，大數據和人工智慧固然能夠提升經濟計畫的水準，但是改變不了產權與分散決策，也無法規畫總體經濟活動，以及國與國之間的經濟活動。

因此，經濟計畫永遠不可能突變為計畫經濟，看得見的手永遠也不可能替代看不見的手。也就是說，S2B當中的小B將在這個過程中扮演閥門的角色，從上而下的經濟計畫可以幫助S端引導消費和蒐集資料。但是，小B同時也代表數以億計的普通消費者，透過他們的需求，來反向影響供應鏈端發揮彈性與做出改變。

今天，**各個領域不斷出現新型的S2B商業模式，各種類型的小B也不斷匯集到各大供應鏈平台，一起共享供應鏈的資產**。阿里巴巴的曾鳴表示，C2B是一個終極理想，C2B加上大數據或許會迎來新的經濟計畫，但是通往C2B的必經之路一定是S2B，一定是透過中間的小B來改變今天供需失衡的狀態。

從製造業轉型到服務業，S2B新零售模式是必經之路

為什麼S2B是利用互聯網工具賦能，而進行的服務業革命？因為**S2B是一種由供應鏈來賦能小B的全新模式**。

過去人們生活在物資短缺的年代，那段時期帶來某種商業型態，稱為規格化生產、規格化傳播，以及規格化銷售，所有的產品都是以標格化為依歸。這讓後來的人們提出C2B的商業理念，也就是依照使用者的需求，反向提供服務給使用者，讓供應鏈完全彈性化來滿足C端消費者的需求。

現今中國市場的供應鏈，是從短缺年代規格化的角度所計算出來，因此目前現有供應鏈的特徵，幾乎完全無法符合C2B的理想狀態。

舉例來說，有很多的工具機和生產設備都沒有聯網，而即使已經聯網的設備，依然有很多要依靠插入USB來輸入資料，才能夠運作，甚至有些還沒有與雲端計算、大數據連接上網。

所以，當前面臨的問題是，供應鏈端還處在傳統的規模經濟、標準化、規格化產品的供應鏈型態當中，所以我們必須透過S2B，才能夠實現C2B。

❖物資缺乏孕育規模經濟，規格化導致消費無感

在這樣的背景下，我們可以看到，短缺年代的經濟體系孕育出的規格化生產，到了今天必須改變。對於當時背景下產生出或存活下來的企業，我們稱之為大B。

舉例來說，零售業領域的企業家樂福（Carrefour）或沃爾瑪（Walmart）都有變大的趨勢，而**大B的特點就是透過統一品牌、統一服務、統一標準，來保證生**

產效率和商品品質。但是，統一之後，會出現一個問題。

這個問題有內外兩面，對外意味著對產品無感，因為所有的產品都是標準化的東西，而對內則意味著在大B企業內部，需要員工做決策的選項會變少。

一般來說，這讓大B企業員工缺乏工作成就感，抑制了他們的創造性，各家企業的商品變得很類似，導致消費者非常不滿。企業只能透過通路來進行對戰，但是通路的對戰只是價格競爭，因此出現了「產品無格、使用者無感、競爭無度」的三無狀態。

當然，處於短缺年代中，因為供給不足，生產力本身就是瓶頸，大B利用規模效益提升效率，統一標準、統一品牌，保證產品的品質，借助統一服務來提升服務品質，可以做到有效提供物美價廉的商品給使用者。

但是，**進入今天物資過剩的時代，生產力再也不是瓶頸，個性化的商品供給反而成為瓶頸**，導致內部員工缺乏創造性，外部顧客缺乏滿意度，演變為大家都在拚價格戰、競爭無底線的局面。

❖平台讓企業同時擁有大B與小B優勢

可以說就是這樣的背景催生S2B平台，借助供應鏈平台的能量來實現規模經濟效應，並且借助資訊化工具優化流程，在系統平台中扎根，讓平台上的企業擁有傳統大B的優勢，同時能夠發揮出小B的積極性和創造性，讓更多小B體現出獨特之處。

例如，韓都衣舍（註：中國最大的互聯網時尚品牌營運集團，創立於二〇〇六年）發覺女裝是一個變化非常快速、需求量極大、規模高達萬億元的市場，卻把小B變成三人一組的小分隊，包含買家、客服及營運，我們將它稱為最小的顆粒化（註：韓都衣舍將線上分解成三百多個由營運、買家及客服組成的創客小組，買家負責選品，營運負責把選品做成商品，客服負責販售商品，並與客戶保持持續互動）。在顆粒度變小之後，才會更方便去複製，才能夠讓最小的作戰單元小組充分發揮創造力，有決策地去服務後面的C端。

S端只是為C端提供賦能。**在所有的生產製造、原料供應、金融支持、銷售通路都透過S端完成之後，S端就為小B提供賦能**。小B需要完成供應鏈中的服務功能，這種服務功能決定了近年來互聯網智慧製造、供應產能過剩的時代，經濟發展一定會從生產製造的規模化，轉向服務的規模化。

所以，在過去服務達到規模化是很難想像的事，因為服務永遠都是一對一，而且最後服務品質也是受到服務者影響，而服務者就是小B。但是，過去的小B不具備供應鏈的能力，與後端大S平台的指導能力，於是沒有辦法很好地提供服務給C。

我們可以想像兩個例子：韓都衣舍的小B如果只有設計能力，後台卻沒有生產製造、原料供應、通路等一系列的支持，就很難服務好後面的C。還有，滴滴打車（註：一款基於共享經濟的手機應用程式，人們能夠在手機上預約，將來某一時點使用或共乘交通工具，由北京小桔科技有限公司開發）如果沒有後端的資料服務、訂單服務，滴滴打車的司機就只有車，也很難做好對乘客的服務。

由此可知，今天的難點已經從過去的製造規模化，變成服務規模化，而S2B的出現恰好能完美解決這個難題。所以，這一波技術革命的重要性和工業革命是同等重要，我們不應該簡單地把它歸為第四次工業革命，而應該是服務業的全新革命。

❖服務業革命的武器，是最接近消費端的小B

服務業革命的主要特徵是：運用互聯網工具的個體最接近於C端的小B，或是他本身可能就是C，為進行賦能保證服務的一致性。透過互聯網工具實現服務的社會化分工，進而在服務業內部實現規模優勢。那麼，什麼是服務業內部的社會化分工？

舉例來說，韓都衣舍把服裝採樣、商品銷售、客服等一系列功能，全部都賦能給小B這個戰術小組來完成，而S端則為他們提供生產製造、原料、通路、金融等方面的一系列服務。

換句話說，S2B的本質是S2B到2C，供應鏈平台和小B一起服務C，在這個鏈條中完成服務業的分工，並促使分工再往下一步發展。

例如，餐飲連鎖體系是供應鏈平台，加盟店就是小B，這個小B一定要占據有利的位置，因為餐飲店的地理位置就是小B的核心競爭力。

在全球時刻、雲集這類的S2B零售平台上（註：全球時刻被稱為社交版的淘寶，透過跨界合作為社交電商賦能。雲集則是雲集共用科技公司旗下的品牌，主打社交驅動的會員電商平台，為顧客提供美妝保養、手機數位、母嬰玩具、水果生鮮等商品），小B還處在初級階段，並不懂得社群裂變與社群營運，也沒有粉絲與良好地理位置。

在這樣的狀態下，今天S2B在許多行業當中，還有很大的發揮空間，因為從一個點就可以看出來，今天的小B沒有找到自己的獨特優勢。

我認為，**在S2B新零售當中，小B未來的獨特優勢有內容創造能力、自媒體**

能力、社群營運能力，而這些是今天在S2B平台當中創業的小B，必須抓住的核心能力，因為生態的多樣性決定了生態是否繁榮，小B的多樣性、個性化的核心競爭力，就決定了S2B的繁榮性。

今天很多小B還處在同質化階段，我們可以看到，小B的服務價值、個性化，以及獨特的服務能力，並沒有被充分激發出來，這正是未來最大的金礦，才是今後S端真正要去培訓、賦能的核心和關鍵。

【流行鞋類】百麗從市值千億到下市，因為過度擴張品牌和門市

百麗曾經是一個家喻戶曉的鞋類品牌，幾乎每一個城市的女性都有幾雙自己的百麗鞋。這家公司曾經說出豪言壯語：「凡是女人路過的地方，都要有百麗」，但在二〇一七年爆發私有化的風波（註：這裡指退市、股票下市）。

高瓴資本、鼎暉投資向百麗提出私有化的邀約。原本百麗董事長鄧耀和與執行長盛百椒，透過所控制實體公司共計持股二五・一四％，在私有化之後將出售持股，於是高瓴資本占五六・八一％，鼎暉投資占一二・〇六％，管理階層占三一・一三％。這樣做的條件是創始團隊離開百麗，啟動私有化的進程，進入全新的時代。

到底百麗為什麼要退市呢？

❖抓住消費提升的契機，卻跟不上變化的腳步

百麗成立於一九九五年，起初全力發展零售，二〇〇二年大力整合零售通路資源，擴大直營店的推展，該公司在商店街最為人知曉的是通路策略與通路整合，透過廠商之間的股權整合，將原來一系列的加盟店都納入旗下。

二〇〇七年在港股上市時，百麗擁有的資金甚至超過中國工商銀行，那時候是以六・二元港元上市，當天就募資九六・六億港元，總市值達到五百二十三億港元。在上市五年之後，即二〇一三年二月更創下每股一五・四一港元的記錄，市值突破了千億。

這家公司曾經如此輝煌，今天為什麼無邊落木蕭蕭下、遍地英雄下夕煙呢？其原因在於，百麗雖然踩中消費升級早期的節拍，卻沒有踩中後面的節拍。

根據相關資料顯示，截至二〇一七年二月，百麗年報實現的營收是四一七・〇七億港元，與去年同期相比上升二・二%，淨利潤是二四・〇三億港元，與去年同期同比下降一八・一%，這背後反映出三個問題。

1. 依賴傳統通路而投鼠忌器，內部摩擦無法實現有效的轉型。

2. 供應鏈的缺點。在今天，尤其是顧客對女裝、女鞋要求快速反覆運算、快速變化、快速反應的時代裡，供應鏈的缺點顯得尤其明顯。

3. 沒有跟上消費場景大轉移，以及新零售崛起的步伐。

百麗的成功來自本身的通路紅利，而通路紅利讓百麗看起來更像是一個通路品牌，而不是C端品牌。

但是，今天回過頭來看，最近幾年消費者越來越覺得百麗的鞋子有點土，是因為它在二〇一〇到二〇一二年進行瘋狂擴張。百麗擴張的原因主要來自兩方面：

1. 終端店面的飛速擴張。截至二〇一六年十一月三十日，百麗的終端店面高達兩萬六百三十家。

2. 多品牌的瘋狂擴張。百麗有自營的鞋類品牌、國際鞋類品牌和國際運動服飾品牌。當然，百麗利用自身的差異化進入市場，進行守株待兔式的行銷是有好處，顧客不論在線上還是線下購物，不管購買哪個品牌的鞋子，最終買到的都是百麗旗下的商品。

另外，百麗下面的品牌結構多到令人咋舌的地步，包括：百麗、思加圖、天美意、他她、真美詩、妙麗等一系列自營品牌，共計十三個，還有其他的系列品牌，但問題是百麗採取的方式是做大做全、縱向一體化，研發設計、原料採購、終端銷售、通路建設等整個體系都是自行處理。

這樣的優勢是比較好管控，相對上可以快速地縮短產品的上市時間，同時可以依據終端資訊來回饋調整庫存和生產。但是，這樣做帶來的局限可能就更多了。這會讓企業變得非常重視資產，並且快速地變得巨大又笨重。

❖韓都衣舍變身S2B公司，步入線上電商道路

相對來說，我們看另外一個品牌「韓都衣舍」。韓都衣舍的趙迎光面對的同樣都是女性消費者，但他知道今天C端顧客更需要各種不同類型的服飾品項，因此韓都衣舍把自己變成一家S2B公司，專注扮演供應鏈服務平台的角色。

韓都衣舍透過自己的供應鏈來服務平台、建構生態，進而孵化出幾百個甚至上千個不同的買家小組，由買家小組經營成百上千個不同細分品類的女裝品牌，讓韓都衣舍變成一家更靈活的公司。

另外，韓都衣舍走的是線上，沒有那麼厚重的資產營運，所以與百麗相比，

走的是完全不一樣的道路。

❖依照顧客需求，設計品牌產業鏈和供應鏈

但是，百麗為什麼更像是一個通路平台，而不是C端品牌呢？

其原因在於，**C端品牌面對的是終端消費者，必須以消費者為起點，進行整個產業鏈和供應鏈的設計**，但是百麗在到底是通路品牌還是消費者品牌這兩者之間迷失了。

從盛百椒的一次發言中，我們看到一項資料：百麗八〇%的銷售和九〇%的利潤都來自百貨通路，而百貨通路在近幾年越來越走下坡。

另外，在百麗瘋狂擴張的這幾年當中，剛好是電商銷售快速崛起和線下購物中心（Shopping Mall）快速崛起的時機，消費場景的快速轉移和新零售型態的快速崛起，讓原本屬於百貨通路的市占率變成電商的市占率，和購物中心的市占

率，而百麗本身的通路淨資產也從四年前超過二〇％，縮水到今天一一％以下，而且在嚴重依賴線下通路的體系裡，變得越來越沒有價值。

因此，百麗從二〇一六年開始，大量關閉自己的線下通路，幾乎以每天三家店的速度進行關閉。百麗集團曾經想過轉型，但是在轉型的過程中又進入一個左右為難的局面。

早在二〇〇四年，百麗就成立電商平台「淘秀網」，又在二〇一一年成立電商平台「優購網」，並且與愛麗、京東全面合作布局自家的線上業務。

當電商新零售與實體零售之間產生直接碰撞時，電商就像一個嗷嗷待哺的新生兒，而實體店家將越來越下滑，新零售將越來越上升。但是，百麗的主要利潤和收益仍然來自實體店家，因此用這種方式培育新型商業模式注定會失敗，而百麗正好體現出一家公司在轉型期的戰略選擇，以及在戰略落實過程中巨大的陣痛、矛盾和糾結。

❖從3個角度分析，傳統企業的難題與挑戰

今天，消費市場和商業市場正在加速商品的新陳代謝，消費場景快速轉移，新零售迅速崛起，而線下實體商業江河日下，給傳統企業帶來了非常多的苦惱和痛楚。最後，用三點來總結曾經的鞋王、今天的美人遲暮與英雄謝幕。

1. 從獲利模式來看

百麗高度依賴百貨通路，於是在其他的通路發展中，忽略了消費場景大轉移與新零售崛起所帶來的巨大衝擊，所以百麗的主要收入仍然來自線下。百麗做電商的時候，線上與線下銷售產生了摩擦衝突，因此百麗一直處在彆彆扭扭的轉型當中。

2. 從通路特色來看

百麗的商業基因優勢一直在於它的通路，而其短處也是通路，曾經享受過通路紅利，也失敗於通路紅利。所以，一個曾在消費品領域中最善於做通路的公司，最後仍然敗在供應鏈上。

其原因在於，百麗無限制地擴張門市和品牌，導致庫存量高，研發設計成本高，供應鏈反應速度慢，款式反覆運算慢，讓人們覺得曾代表著時髦、新穎、創新的百麗女鞋，今天變得越來越面目模糊，與消費需求脫節，變得有點高不成低不就，導致高階收入者覺得它很土，低階收入者又買不起，進而陷入一個非常尷尬的局面。

3. 從資本化路徑來看

百麗的上市是基於它的通路紅利，曾經有兩萬多家實體店面，以及上百個自有品牌和代理品牌。百麗的成功源於通路品牌矩陣，但是今天的退幕也仍然是因為通路和供應鏈品牌的問題，所以百麗今天給我們的啟示非常多。

今天中國的經濟正在加速新陳代謝，正在加速進行消費場景的快速轉移，永遠只有時代的企業，而沒有所謂的領先企業，而領先的企業也只是在時代浪頭當中領先的一家企業而已。

在研發、銷售及物流，啟動「多快好省賺」循環

什麼是「多快好省賺」？就是可供貨的商品種類多、物流速度快、商品品質好、商品價格省，而且能夠賺錢。

在這樣的情況下，「多快好省賺」成為新零售當中的核心靈魂，可是「多、快、好、省、賺」並非孤立存在，**對於不同的企業在不同的歷史時期，「多、快、好、省、賺」可能具有完全不同的意義和定義**。接下來，我們看兩家知名企業：西班牙ZARA與日本優衣庫（UNIQLO）。

❖ＺＡＲＡ與優衣庫，怎麼運作新零售五部曲？

ＺＡＲＡ是西班牙的快時尚品牌，ＺＡＲＡ在「多快好省賺」當中，選擇突顯的重點是「快」，強調七天之內，必須完成商品從研發設計到上架。ＺＡＲＡ在時尚界中突出的特點，是小批量快速在商店發布新品，因此商店管理人員每週兩次準時下單訂購新款服裝，而且這些服裝每週兩次按時抵達商店。

所以，ＺＡＲＡ突顯快時尚的價值，突顯了商品的快與供應鏈極致的速度，而快也給ＺＡＲＡ帶來相當完整的新零售五部曲：「多、快、好、省、賺」。

1. ＺＡＲＡ每週上架兩次，於是商品種類非常多。
2. 對於ＺＡＲＡ而言，整個速度變得非常快，而它定義的好，是越快的速度會帶來越多的款式，以及國際第一線的時裝設計，進而產生好。

很多穿過ＺＡＲＡ服裝的人會知道，ＺＡＲＡ商品的品質，單就服飾而言，並不是做得很好，很多地方作工比較粗糙。但是，ＺＡＲＡ從來沒有承諾過自家商品經久耐用，它強調的只是「快時尚時裝」這個特點。換句話說，ＺＡＲＡ服裝的好是突顯在款式和速度。

ＺＡＲＡ的省，是指相較於其他普通的時裝，ＺＡＲＡ可能稍貴一點，但是相較於國際第一線名牌時裝，ＺＡＲＡ的價格就是省。ＺＡＲＡ每年都因為抄襲國際第一線設計，而承擔幾千萬歐元的罰款，但對於ＺＡＲＡ來說，這些罰款是九牛一毛，可以避免與競爭對手一樣採行大量折扣促銷，或是做宣傳廣告。

根據哈佛的研究案例顯示，ＺＡＲＡ的服裝平均售價為定價的八五折，而世界的行業平均水準為六至七折，當然中國的行業平均水準會更低。ＺＡＲＡ未售出的商品占了庫存不到一〇％，而行業平均水準為一七％至二〇％，ＺＡＲＡ深知它不需要採行那麼大的折扣，就可以順利運轉商業模式。

ＺＡＲＡ看到了供應鏈的穩定性及其帶來的好處。因此，ＺＡＲＡ把供應鏈的確定性鎖定為快。儘管每年支付幾千萬歐元的侵權罰款，ＺＡＲＡ也不會縮手，因為公司從中獲取的利潤比罰款要高出許多。

對很多人來說，ＺＡＲＡ是傳統時尚業者提前預測趨勢的管道。但是，ＺＡＲＡ自己不這麼認為。它只是時尚的跟風者，把精力集中於迎合消費者的口味，當顧客想要什麼，它就製造什麼，然後以最快的速度將商品上架。因此，我們可以說，ＺＡＲＡ完成了「多、快、好、省、賺」的全面定義。

對於當今的企業而言，還有另一個案例「優衣庫」。同樣是服裝企業，優衣庫的特點是強調規模經濟帶來的成本降低、商品性價比（ＣＰ值）高，但是優衣庫從來沒有強調過自家的商品很快。由此可見，優衣庫也是透過自家供應鏈的特點，完成了「多、快、好、省、賺」。

因此，西班牙的ＺＡＲＡ和日本的優衣庫，對於供應鏈的定義，都做到「多快好省賺」。

❖ S2B新零售模式，突破微商與代購的瓶頸

今天我們面對S2B新零售的時代，其中的供應鏈結構完成一個全新定義，有別於微商和代購，那就是「多快好省賺」。

對於微商來說，過去販賣的東西只不過是一個商品，或是一個系列的商品，導致微商的獲客成本變高，流量轉化率變得越來越低。而且，過去微商的商品沒有辦法進行比價，建構出一個獨立的經銷體系，商品的定價完全由這個獨立體系中的結構所決定。因此，當商品無法進行比價時，商品的好壞就無法評估。

此外，過去的微商不只需要壓貨與囤貨，還要負責打包、發貨。物流和發貨在供應鏈當中是極為重要的事情，當把這種事委託給各種分散的微商人群來處理時，就會使發貨速度受到嚴重影響。

對於代購來說，過去主要是在海外掃貨，而很多時候這種掃貨獲得的商品，完全取決於終端可供貨的商品種類到底有多少。代購的痛點是從終端掃貨時，

商品品質完全取決於終端的商品品質，代購不能影響供應鏈的源頭，也就是研發設計端。此外，代購與微商經常遊走在法律的灰色地帶，這是代購的一個致命問題。

所以，**在任何的新零售當中，「多快好省賺」都要完成一個完美的閉環。**

在S2B時代，微商、代購、傳統的電商，以及新媒體網紅，都將成為被整合的對象，因為S2B的核心本質，是把過去由大企業所具備的供應鏈服務平台，在今天開放給中小企業，甚至是微型企業或是個人。

這是一種共享經濟的作法，把整個供應鏈的源頭開放給所有的客戶使用，讓他們能夠提高效率、降低成本，並且分攤原來很多小B的工作，讓小B實現創業，同時搭配S端一起為消費者提供優質的服務。

S2B的低成本流量、平台資訊……，讓行銷更簡單便捷

在中世紀早期，威爾斯和英格蘭長弓手的戰鬥力非常強悍，這種強悍仰賴於他們的狩獵文化。為了保持這種優勢，英格蘭政府制定一項規則叫做《長弓手法令》。法令規定每週日不准從事長弓以外的任何運動項目，就可以強制全國人民每週日都練習長弓射箭的技能，於是長弓手成為保持英格蘭軍事力量的關鍵。

這與中國歷史上的傳統文化胡服騎射類似。在古代，穿上少數民族的服裝，一邊騎馬、一邊射箭成為創造強大戰鬥力的關鍵。因此，射箭在古代被列入六藝當中，做為一種很重要的技能，每個人都需要練習。但現在我們不再練習射箭，為什麼呢？

因為射箭具有幾個特點：

1. 需要很長的時間和週期訓練，才能具備這個技能。
2. 將這個技能練到精湛非常困難，因此不是每個人都能成為優秀的長弓手，只有少數人會成為非常傑出的戰士。

在這樣的狀態下，後來英格蘭出現火槍。火槍的誕生是因為東方的火藥流傳到歐洲之後，歐洲人將火藥做成火槍，而中國人則做成靈丹妙藥。

其實，早期火槍的威力並不如長弓。一些擁抱變化的人認為，長弓必然不如火槍，而且政府不能強迫每個人都要練習長弓，於是要求取消每週都必須練習長弓的法令，然而迂腐的守舊者仍然堅持這個法令。於是雙方唇槍舌劍，最後這個法令依然被取消。

不管是長弓還是火槍，都只是軍隊打仗的工具而已。長弓在當時雖然具有威力大、穩定性強的優勢，但是對使用者的要求極高，使用者需要夜以繼日不斷地訓練來保持。火槍卻不一樣，雖然穩定性不高，射程也不如長弓遠，但是只要會點火瞄準，誰都可以射出去。

長弓因為難度係數高，導致範圍窄，形成戰鬥力的週期長；而火槍雖然穩定性和射程不如長弓，但是一個人一天就可以學會，而且馬上就具備戰鬥力。所以，最後火槍取代了長弓，這是人類工具史中一次非常重要的改變和變革。

❖ 從微商到S2B，電商創業變得越來越容易

現在，創業已經成為顯學，號召大眾創業、萬眾創新，就意味著創業和創新不是單獨個人的事情，需要像火槍一樣能讓更多的人在短時間內學會，並且具備戰鬥力。創業本身是一件很困難的事，既然是困難的事，就注定不是所有人都適合。

當然，人們對於這個問題一直爭論不休。到底是不是每個人都適合創業？絕大多數人都回答：「創業不適合所有人，創業是極少數人的選擇。」

為什麼並非每個人都適合創業？從創業的工具角度來講，這經歷了非常重要的階段。

從事傳統商業，例如經營一家店或是管理一個工廠，其實是非常困難的，需要具備管理能力、技術能力及強大資金能力，這對一個人的要求非常高。後來進入電商時代，為什麼淘寶是人類創業史上的大變革呢？

因為相對於傳統商業，淘寶的難度係數降低了，你只需要繳交一筆費用（甚至免費）就可以進入淘寶，而你自己只要能夠進到貨，再透過一系列的簡單操作，就可以實現創業，這是創業史中一個非常了不起的變革。這個變革讓創業工具遠遠超過傳統的水準，也讓原來很多不具備創業能力的人，透過淘寶工具實現了創業。

可是，以前一些非常厲害的電商人士很瞧不起微商，覺得微商都是遊擊戰，都是非職業的，而電商不一樣，電商還有一個淘寶店。因此，雖然在早期微商不受歡迎，但是後來他們發現微商形成很大的戰鬥力。

微商比起淘寶工具，擁有簡單又便宜的優勢

為何有這樣的轉變？因為淘寶工具有兩個痛點：第一是很難，第二是複雜。經營電商一系列的工作都需要淘寶店主自己動手，比方說，訂貨、發貨、處理訂單、客服、為產品拍照和上傳，甚至裝修店面等工作，是非常複雜的。

相對地，微商有兩個優點：

1. 簡單便捷

店主根本不需要開發供應鏈，因為有人向微商提供商品，微商只需要透過轉發微信朋友圈，就可以開始操作。這意味著即便一個完全沒有任何經驗的家庭主

婦，透過微商就能簡便地開始創業。

2. 流量很便宜

在淘寶開店其實是寄人籬下，店主必須向阿里巴巴購買流量才可以拿到訂單，但是微商不同，只要在微信上發給朋友圈就可以獲得流量。

所以，**微商擁有簡單便捷和流量便宜的優勢，得以迅速崛起**。但就現狀而言，微商會不會消失呢？

在我看來，微商其實不太可能會消失，而是被更加先進、簡單便捷的應用工具所取代。微商之後的下一個時代就是Ｓ２Ｂ時代，Ｓ２Ｂ時代就好比雲集、全球時刻、好獲嚴送這樣的零售平台，它的作法比微商更便捷。

微商還需要囤貨、發貨、招代理，甚至做更多複雜的工作，而Ｓ２Ｂ不需要。因此，我們很難想像微商還能夠進一步升級，但是Ｓ２Ｂ做到了，就好像以前的火槍進化到現在的機關槍和手槍，手槍只需要扣動扳機就可以射擊，而且速度變得很快。

如同前文提到，S2B就好比在航空母艦上裝載很多戰鬥機，這些戰鬥機本來無處著落，不管在天上飛多久，總要回到航空母艦進行保養、維修、加油、裝彈重新起飛。

由此可以看出，**S2B將微商的很多工作都承包到S2B的大平台中，讓創業變得更加簡單**，而且透明化、陽光化、合法化，在法務、稅務、結算等專業度的相關問題上，沒有任何漏洞。

S2B簡單便捷，擁有低成本的流量，更加符合法規，並擁有平台資料、供應鏈與資金的支持，以及一系列的賦能。在這樣的背景下，我相信微商不會被取代，反而將會由火槍進化成手槍，成為一種更有效率的創業工具。

從工具論的角度看整個發展方向，我們要想實現「大眾創業、萬眾創新」，其中有一條方向就是讓S端的平台變得更加強大，可以完成更多的賦能，讓創業變得更加簡單便捷。只有這樣，「大眾創業，萬眾創新」才能覆蓋到更多的人，讓更多的人去參與專注到他們更擅長的事情當中去，發揮他們服務使用者、服務消費者的獨特性。

S2B新零售模式就是在工具演變論當中，實現「大眾創業，萬眾創新」的必經之路。

中間商能簡化交易環節，增強信任與分攤風險

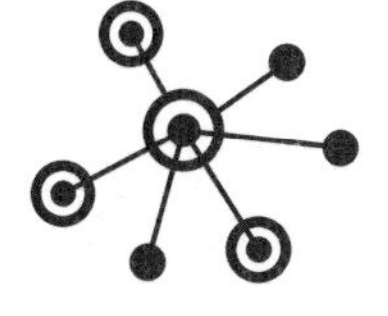

在前幾年，我們談互聯網商業模式時，「去中間環節化」變成一個非常火熱的名詞。在這樣火熱的名詞中，有對也有不對的地方，對的地方在於傳統商業中確實存在大量的中間商，只是透過運送貨物便獲得利潤，但是今天我們反過來思考，把中間商定位在人們的對立面，隱含的前提是中間商只賺利潤不提供價值，可說是吸血鬼，所以要把他們除掉，讓買家與賣家直接碰面，使雙方皆大歡喜。

類似的邏輯還存在於大規模的直銷當中，做直銷的人會說自己是直銷，沒有經銷商剝削利潤，因此很實惠，不少人憑直覺也覺得挺有道理。相信不少人都被安利找過。甚至在早期大型零售終端崛起的時候，連家樂福、沃爾瑪也宣導過，

讓生產廠商繞過經銷商直接供應最終零售，號召通路扁平化，這樣做就會有更多的利潤空間來做推廣，於是有不少的廠家被糊弄而失去判斷力。

最離譜的是，過去我們談的是C2M或是M2C理念，也是號召工廠和消費者直接對接，一時之間風聲鶴唳，大量傳統企業的中間商人人自危。但事實真的是這樣嗎？中間商真的沒有價值了嗎？

❖傳統的中間商究竟該何去何從？

尤其是最近幾年，電商發展起來之後，這樣的吆喝聲也是此起彼伏，很多人打著去中間環節化、廠商在網上直銷、消費者獲得實惠、廠商多獲利等旗號，就連在菜市場裡賣衣服、賣鞋的小店家，也經常打出一個大牌子，上面寫著「廠家直銷」，讓人趨之若鶩。

我們要回歸到一個原始話題：中間商是什麼？

中間商首先是一個B，有可能是小販、仲介或經紀人。幾千年來，中間商這個角色從來就沒有被重視過，甚至是遭到鄙視、仇視。傳統文化更是如此，在士農工商當中，商是排在最後面的，有時候還是賤民，商人的孩子甚至不能參加科舉。

過去，人們一直把中間商跟囤積居奇、唯利是圖、投機鑽營聯繫在一起，並加以妖魔化。人們承認商品有生產成本，但是不承認商品的流通成本、展示成本、品牌成本和信任成本。

因此，我們經常在酒桌上聽到自認很懂的人說，這個酒一千五百元，裡面有五百元是廣告，一百元是包裝，經銷商和酒店又賺取五百元，廠家自己掙兩百五十元，所以這瓶酒的成本最多一百五十元。

通常了解完這些情況的人都是一片唏噓，痛斥這些無良奸商，所以有時候當我們這些研究商業的人聽到這些話題的時候，真的覺得很無奈，但是回頭去想，你為什麼不自己去酒廠打酒呢？如果是沒有包裝的酒，你好意思拿出來招待客人嗎？沒有信任背書，你好意思去請朋友大快朵頤嗎？

因此，儘管市場經濟已進行了三十多年，很多人對中間商的認知仍然停留在原始社會，甚至是農耕社會。我們把商品成本看成成本，卻不把溝通、信任、品牌、流通的成本當做成本。然而，如果忽略了它們當中的任何一個，往往都無法實現成交。

❖製造業要升級，得先控制3大成本

通常，如果一個商品沒有利潤，那麼各個環節中的收益者也都沒有收益，我們肯定沒有辦法獲得好的服務。因此，**有利潤、有服務，才會有品牌，而有了品牌，經濟體系中的商業和企業才會有未來**，這也是為什麼中國一直承擔著世界工廠的名聲，卻背負著粗製濫造的 名。

傳統的工業、製造業需要升級，恐怕更多的是需要控制流通成本、品牌成

圖表 2-1 經銷商經濟效果圖

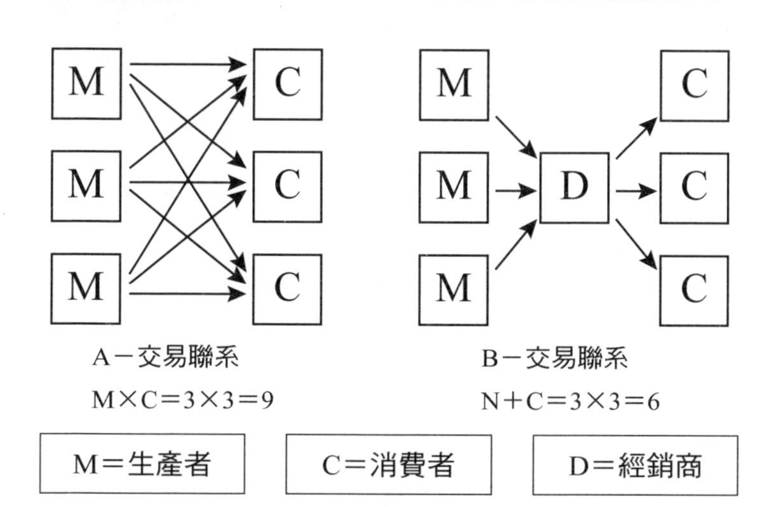

本、信任成本等要素。

如果你看過菲利普・科特勒（註：Philip Kotler，麻省理工學院經濟學博士、全球行銷學權威，任職美國西北大學凱洛管理學院國際行銷學名譽教授）的通路管理，你一定會看到一張圖（見圖2-1）。

這是一張會讓中間商淚流滿面的圖，他們會說我們不是投機份子，也不是寄生蟲，我們在創造價值。這張圖稱為「經銷商經濟效果」，圖左邊是三個M，M可理解為生產者；圖右邊是三個C，C就是消費者。如果讓M自己去連接C，恐怕它會出現九條線，也就是需要做九個動作才能夠觸及消費者。

如果中間有一個D（經銷商），那麼生產者只需要六次就能觸及同樣的消費者，這就是經銷商的經濟效果圖。有了經銷商，就可以大幅度降低流通成本和信任成本。

❖ 未來只會存在兩種中間商——S與小B

在今日任何的行銷類書籍裡，只要講到關於通路的內容，我們首先都會看到圖2-1。因此，通路與中間商的存在，能夠減少交易環節，增強交易信任，分攤交易風險。了解商業模式的人都知道，交易當中除了交易價值之外，還有交易風險和交易成本，在今天，我們需要重新思考這種思維。

現今，在S2B新零售模式的概念下，經銷商的形態也發生一些變化。**在未**

來的大趨勢當中，只會存在兩種中間商，一個中間商是S，另一個中間商則是小B，並且唯有這兩種中間商是沒有辦法被取代的。

S整合上游廠家，以及提供行銷服務、資料服務、金融服務等一系列的服務資源，這是透過整合資源、提高效率，降低成本來獲取價值，由S賦能小B，由小B提供產品與服務的信任感給C，滿足人們對信賴的需要。

未來的小B在市場營運的時候，都有能力做到「己所不欲，勿施於人」。

傳統經銷商將消失，由小B扮演服務商的角色

2B或是2C是指，企業是針對消費者的公司，還是針對企業的公司，這是在互聯網行業中經常使用的說法。

我以前服務過一家互聯網家庭住宅裝修裝飾企業，這家企業給自己定位是2C，也就是為消費者提供服務的公司，其有兩個核心能力：

1. 透過金融的方式，企業可以提供無息的家庭住宅裝修貸款。
2. 在商業模式當中，嘗試去掉原來在家庭住宅裝修現場進行管理的工頭環節，把節省下來的費用返還給消費者。

這樣既可以提供無息貸款，又能讓產品和服務變得更加便宜。按照常理來講，這絕對是一個非常好的專案，但事實是原來的金融服務能力很快被超越，而渴望能夠剔除工頭的環節卻以失敗告終。為什麼會以失敗告終呢？

其實，2C和2B是兩種完全不同類型的公司，以互聯網家庭住宅裝修裝飾為例，一家2C公司是消費型企業，而一家2B公司則是供應鏈型企業。

消費型企業與供應鏈型企業是兩種完全不同的商業邏輯，前者服務的是小C，獲利模式是從省下來的錢當中獲得一部分自己的收益，從對消費者的服務獲得收益。相對地，**供應鏈企業的獲利模式非常多，可以透過商品價差、流量服務、行銷推廣、資料服務、廣告等一系列方式獲得收益**。

這兩種模式之間存在本質上的差別。2C公司會面臨一連串的隱形門檻。例如，今天C的流量高度集中，如果你面對的是家庭住宅裝修裝飾市場裡的C端，大部分都是像鏈家地產（註：北京鏈家房地產經紀公司，於二〇〇一年創立，業務涵蓋租屋、購屋、二手屋、資產管理、海外房產、互聯網平台、金融、理財等）一般，已經做了很長時間的傳統平台型企業。

如果你面對互聯網零售電商領域裡的C端，流量會更加集中，大多數都在百度、阿里巴巴、騰訊的巨頭手中。因為今天C的需求是一個非常個性化的特點，任何一家大企業恐怕都很難服務好每一個具體的C。

服裝領域更是千奇百怪，變化速度非常快，女裝也有不同的類型。韓都衣舍把自己轉型為一家服務B的企業，服務平台上三百多個買家小團隊。買家小團隊由買家、營運、客服組成，只需要三個人就可以組成一家小型的公司，然後讓這個公司去服務不同類型的C端消費者。所以，韓都衣舍把自己定位成一家服務B的企業。

❖對於B端與C端，各有需求與能力條件

B端有各種類型的需求，包括物流、訂單、倉儲、商品研發、金融服務、資

料服務等。相對來說，C端的需求比較集中，包括商品消費、金融服務、資料的精準推送、資訊服務等。

服務C的部分，考驗的是品牌能力、流量獲取能力、流量轉化能力（行銷能力）、流量存續能力，以及二次消費能力（社群營運能力）。對於傳統企業來說，這些能力都非常稀缺。

對於C而言，企業的軟體和硬體系統能力好不好，直接決定客戶體驗的好壞。企業的標準化管理、資訊化建設好不好，直接決定後面是否能夠有很好的社群營運、消費轉化。企業的品質化交付能力好不好，直接影響企業是否可以存續下去。

因此，我們要拋棄過去傳統的加盟體系，像是「一錘子買賣」（註：意指只做一次生意，多半是在說價錢貴、貨色或服務態度不好，導致顧客不願再來打交道）、收加盟費等等。

過去很多企業看起來是2B，採取加盟、招商的方式。比方說，餐飲業、服裝業的招商加盟都是一錘子買賣，因為加而不盟、連而不鎖，彼此之間沒有形成一種協同互動的關係，往往只是品牌和商品做了一次輸出，後面幾乎沒有什麼服務，所以本質上還是一家２Ｃ的企業。

但是２Ｂ不一樣，我相信未來一定會發展出一批供應鏈型的企業。因為Ｂ端的需求會變成社會的巨大需求，企業具備一系列的全鏈路服務能力，需要進行產業鏈上下游合作夥伴的深度合作，必須有共享思維，協同作戰。

如同互聯網家庭住宅裝修裝飾領域，中國有十萬家以上的中小型家庭住宅裝修裝飾公司，如果我們能夠為他們提供全鏈路賦能（前面我們講到家庭住宅裝修裝飾的零售和服務的Ｓ２Ｂ化），讓這些企業在平台上發揮，那麼可以想像一下，十萬家公司當中，哪怕只有一千家訂單集中在一個供應鏈平台，也會創造出一個巨大的公司。

所以，將來很有可能會形成八〇％以上的２Ｃ中小企業只能「喝湯」，而那些供應鏈企業卻能「吃肉」，因為，今天我們透過互聯網和行動互聯網工具來創業，已經變成了一個必要的事情，而２Ｃ的很多隱形行業門檻卻是看不到的。

❖直接面對Ｃ端的小Ｂ，決定服務價值能否兌現

我有一個學生曾經嘗試建立一個線上２Ｃ的旅遊平台，但是最後失敗了，原因在於旅遊消費的領域中，沒有辦法繞過去導遊這個角色。想排除掉導遊，就像互聯網家庭住宅裝修裝飾案例中想去掉工頭一樣，是不太可能的事情。

最後面對Ｃ端服務的小Ｂ則是一個服務商，他們直接決定服務的價值是否兌現，是否能夠交付的關鍵人物，就像家庭住宅裝修裝飾施工的工頭，他不僅要負責現場的人員組織、現場供應鏈的管理、工期的管理，有的時候，甚至還要負責最後Ｃ端消費者情緒的安撫。

導遊更是一個非常複雜的職業，在場景當中，和終端消費者直接進行互動和溝通服務，最後價值是否能夠落地，可說完全取決於面對消費者的小Ｂ。

在未來的S2B中，這個B是服務商而不是中間商。去掉中間環節化，不是去掉那些像工頭、導遊一般具體服務C端的服務商，而是去掉那些傳統的總包商、經銷商環節。未來具體服務小C的服務商，將具有越來越大的價值。

因此，未來只有兩種選擇：

1. 決定做2C。做好消費C端服務的服務商，讓社群營運者能夠獲得更好的收益，能夠「吃到肉」。

2. 決定做2B。難度很大，需要大資本的介入，需要上游供應鏈、技術鏈、資料鏈的深度整合。唯有如此，才可能打造一個超級供應鏈，而不只是原來提供產品的供應鏈。

所以，今天S2B的變化已經推動每個行業向前發展，使它們更加進步，能夠為廣大消費者和創業者提供巨大的價值。

區塊鏈技術打破資訊孤島，在物流和金流中贏得信賴

可能很多人對區塊鏈技術有一定的了解，而這樣的了解大多數是來自比特幣的概念。那麼，區塊鏈的本質到底是什麼？為什麼區塊鏈能夠為供應鏈的創新，提供新的動力？

因為**區塊鏈技術可以在供應鏈的物流、資訊流、資金流和業務流中創造信任，打破資訊孤島，進而促進創新**。

區塊鏈技術的興起得益於華爾街各大金融機構的呼籲和推進，這也是資訊技術第一次在歷史上受到金融界的肯定。因為金融界通常都是相當保守的，往往會等到新技術完全成熟穩定之後才會嘗試使用。

從來沒有一種資訊科技像區塊鏈一樣，尚在萌芽階段就被這些大型金融機構關注。其實，區塊鏈的本質是一種創造信任的技術。眾所周知，金融行業維護信任的成本非常高，大概占總成本的七〇％，長久以來，信任成本都由一家機構來承擔，也就是中心化系統。

簡單來說，一個國家的貨幣之所以有價值，是因為背後有強大的中心化信任系統，例如中央銀行。

但是幾乎所有人都知道，比特幣是一個金融去中心化的產物，並沒有一個類似於中央銀行的機關來為信任背書，同時也不具備以政府、國家、社會為單位的信任基礎。那麼，區塊鏈的基本工作原理是什麼？

區塊鏈的各個參與方因為擁有共同的帳本，當發生某項交易時，相關資訊將透過P2P網路方式擴散到所有的節點，每個節點網路使用既定的演算法，共同來驗證交易和使用者狀況，共同負擔風險。

這個驗證結果也會透過P2P網路方式擴散給全網，一旦被驗證這個交易會和其他交易結合，就會在總帳上形成一個新的區塊鏈資料，新的區塊鏈技術被永久並且不可改變地增加到已有的區塊鏈頂端，至此整個交易完成。

❖區塊鏈核心技術，建立使用者的信賴機制

簡單來說，為什麼比特幣值得大家信任，因為比特幣一共有八千至一萬個大型的伺服器，沒有任何一個人可以同時更改透過密碼加密的八千多個伺服器。

如下所述，區塊鏈有幾個核心關鍵技術：

1. 分散式帳本在各個不同地方的多個節點共同完成，而且每個節點都逐步記錄完整的過程，因此比特幣交易的合法性是可以監督，採用八千多個伺服器加密的原理。

2. 擁有一個共識機制，所有的記帳節點之間達成共識，認定一個記錄有效的

手段，也是防止篡改的手段。如果任何一個節點被篡改，就無法通過共識機制，只有所有的記帳節點都能達成共識，才可以稱為有效運作。

3. 智慧化的契約基於這些可信度高、不能篡改的資料，自動地執行預先定義好的規則和條款。

4. 對稱加密和授權。存儲於區塊鏈的交易資訊是公開的，但帳戶身分資訊是高度加密的，只有在資料擁有者授權的情況下才能訪問，所以保證了資料的安全性和個人隱私。

5. 區塊鏈是去中心化的，也就是沒有中間所有的節點，權利和義務都等同，沒有誰比較特殊，因為一旦有了中間人，就可能會為了某一方的利益去篡改資料、進行欺騙等，產生徇私舞弊的問題。

6. 可對信任產生依賴。分散式的資料庫、整個體系的運作都是公開透明的，在系統規則和時間範圍之內，節點之間無法互相欺騙。

7. 團體維護。該系統是由其中所有具有維護功能的節點來共同維護，並不依賴某一個人來維護。

8. 可靠的資料庫。系統當中每一個節點都擁有完整資料庫的複製，修改單個節點的資料庫是沒有用的，所有認證過的資料將被識別為真實記錄。

❖怎麼讓供應鏈更加安全又有效率？

在這種狀況下，區塊鏈將如何改造供應鏈？

舉例來說，假如有一個做紅酒的公司，通常紅酒在供應鏈上會有葡萄採摘、加工、釀造、包裝、批發，並經由經銷商、分銷商、零售商到最後消費者購買，這樣的一個環節，所有環節的資訊和流向全部保留在區塊鏈上且無法更改，這樣就變成食品安全審查的利器。

具體上，採摘葡萄的時候，會將採摘時間、樹齡、採摘人員、加工時間、清洗晾乾、除梗破碎、輔料添加等環節記錄下來。在流通環節當中，進口商、契約編號、批次數量、物流詳情等一系列資訊，全部都需要登錄在案。

到最後環節，消費者購買的時間和地點也需要記錄在案。當所有的環節資訊和流向，全部都保留在區塊鏈上無法更改時，食品安全審查就很厲害了，任何一個環節出現問題，都可以透過區塊鏈找到問題的根源，並加以解決。

物流中有很多業務的痛點，例如：物流鏈由很多區域構成，而且時間很長，導致假冒偽劣商品的難題很難根除。

區塊鏈具有天然的優勢，其中的記錄不可更改，資料可以完整追溯，能展現每個物品真實的生命軌跡，提高作假成本。從某種程度上來說，區塊鏈改變了原來物流的基本邏輯。

此外，資訊流當中通常會有供應鏈的一些痛點，例如：在資訊流中，參與生產過程的主體眾多，資訊會很混亂，包括訂單需求、產能情況、庫存水準的變化，以及突發故障等資訊，儲存在各自獨立的系統中，於是每個都是資訊的孤島，彼此之間無法互聯互通，各自的系統技術架構、通訊協定、資料存儲格式又各不相同，嚴重影響互聯互通的效率。

❖資金流涉及敏感，造成資訊孤島

那麼，區塊鏈怎麼改善資訊流的效率？

針對這個問題，區塊鏈的解決方式是透過「物聯碼」管理。物聯碼管理包括了商品二維條碼、RFCD商品碼，資料的去中心化分布、時間戳記的功能、溯源功能、交易資訊，都是不能篡改。

還有一個方式是資金流，而資金流在傳統供應鏈當中的痛點是什麼？

1. 在核心企業與上下游企業之間，資金流、資訊流、物流的互動與整合難度非常高，彼此之間都是孤島。
2. 各家企業維護自己的資訊數據，導致資訊孤島的程度更加嚴重，尤其是資金流涉及企業核心機密，這些都形成資訊孤島。

3. 微型企業徵信困難，沒有辦法融資、借錢。
4. 票據作假、交易不真實等財務風險普遍存在。

舉例來說，黃金珠寶行業存在透過貸款方式來進行融資業務，這是產業與金融結合的一個模式。有個小珠寶商與一個平台方簽下訂貨契約，但是沒有錢支付商品成本，這時候他與另一家平台方A珠寶商簽下訂貨契約，而A珠寶商則向金融理財公司申請貸款，金融理財公司又將其做成理財商品（畢竟有增值功能），由這家金融理財公司向供應商代付貨款，然後供應商把貨發給原來的那個小珠寶商。

在這個過程中，可能還有協力廠商、擔保方提供擔保，貸款的小珠寶商到期還款給金融平台，金融平台則把理財的收益返給投資人，而投資人還分為基金、機構、個人的不同情況。

這個過程像黃金珠寶業進行集中採購的融資流程，在該過程中，資金流在供應鏈中的痛點就變得非常明顯。那麼，區塊鏈怎麼解決這個痛點？

❖區塊鏈技術有效整合資金、商品與交易記錄

區塊鏈將企業的各項資產，例如：資金流、商品、交易記錄，以數位化的形式體現在共享網路當中，三種流實現了有效整合，共享帳本具有公開透明和不可篡改的特性，為供應鏈資訊和價值流通提供了登記、流轉、協同等環節上的信任，安全且防偽溯源，還原了微型企業的行為特徵、風險特徵、信用水準，形成整體、智慧、風險控管的解決方案。

舉例來說，我們剛才提到的珠寶融資供應鏈金融案例，它要做的事情如下：

第一步，將契約資訊、擔保資訊，以及貸款申請資訊、標的產生資訊、投資

人記錄、購買人記錄、資金流、物流、還款記錄等全部資訊，接入區塊鏈系統，實現所有資訊全程透明視覺化。

過去，追蹤標的物，確定其真實性，只能透過人為手段來實現，比方說，監控是否發貨、是否進行加工生產？但是，經過區塊鏈的資訊化流程改造之後，無論是哪一方，都可以監控融資週期內發生的所有標的物動態，滿足各方獲得資訊的權利。

第二步，需要建立一個統一帳本，利用區塊鏈打造一個可信的供應鏈、上下游的跟蹤體系，實現系統化的風險控管。它不是一個單獨維度的風險控管，而是一個可信賴的供應鏈上下游跟蹤體系的系統化風險控管。

第三步，幫助該平台與其他的貴金屬交易所，進行基於區塊鏈的跨區域合作，創新地聯合推出更豐富的理財商品，例如：黃金期貨、白銀現貨等，嘗試直接轉移標的物。這樣的方式解決了傳統供應鏈金融當中的一個痛點，也就是互相不信任、信任孤島之間無整合的問題。

今天供應鏈的應用越來越廣，許多領域都導入區塊鏈、人工智慧（Artificial Intelligence，簡稱ＡＩ），以及大數據、雲端計算等技術，透過Ｓ２Ｂ的供應鏈發揮賦能的效果。也就是說，**由ＡＩ人工智慧、區塊鏈、大數據技術賦能到供應鏈，將有更高的效率、更低的成本，來賦能後面的小Ｂ**。

所以，未來供應鏈的競爭不只是商品成本和效率的競爭，背後還有一個高新科技的整合應用競爭，像是區塊鏈、人工智慧。未來誰能夠將區塊鏈技術、ＡＩ）技術更好地整合到供應鏈系統當中，誰就將贏得在Ｓ２Ｂ戰爭中的先機。

重點整理 02

- 越來越多的小B都要和S合作，變成航空母艦上的戰鬥機，去服務C端。S端也需要小B去解決獲客成本、引導消費人性化服務、資訊蒐集等一系列的問題。
- 小B的獨特優勢，包括內容創造能力、自媒體能力、社群營運能力。今天在S2B平台中創業的小B，必須抓住這些核心能力。
- C端品牌更多面對的是終端消費者，必須以消費者為起點，進行整個產業鏈和供應鏈的設計。
- 商品種類多、物流速度快、商品品質好、商品價格省，而且能夠賺錢，也就是「多快好省賺」已成為新零售的核心靈魂。
- S2B將微商的很多工作承包到S2B的大平台中，讓創業變得更加簡單，而且透明化、陽光化、合法化。

- 有利潤和服務才會有品牌，有了品牌，經濟體系中的商業和企業才會有未來。
- 供應鏈企業的獲利模式非常多，可以透過商品價差、流量服務、行銷推廣、資料服務、廣告等一系列方式獲得收益。
- 區塊鏈技術可以在供應鏈的物流、資訊流、資金流和業務流中創造信任，打破資訊孤島，從而促進創新。

NOTE

NOTE

第 3 章

只要用心經營一千個粉絲，能讓你的利潤……

【行動電商】好獲嚴選設立分潤機制，小B只要分享便能賺錢

二〇一七年，O2O大戰塵埃落定，形成騰訊與阿里巴巴兩大陣營，大批投資人的資金無法回收，前一年獲得A輪融資的八百四十六家創業公司所剩無幾，遍地英雄退出戰場。實體產業融資難，難於上青天。

除了出貨價格降低之外，其餘所有價格都在漲，而且還要負擔高額的稅金成本。這些都讓數百萬微型創業者欲哭無淚、欲訴無門。

傳統電商在高昂的流量成本之下，繼續忍受著寡頭商業霸權侵害，直銷、會銷、代購更是面臨灰色地帶的不合法陰影籠罩。

在從未如此艱難的環境下，喧囂之後才知寧靜生智慧，泡沫之後，才知道裸

泳不好玩，誰都明白選擇大於努力。

那麼，S2B新零售模式為什麼將成為下一個風潮？如何獲得流量？微商、電商、自媒體、網紅、傳統商店如何突破瓶頸，完成價值引爆？

❖未來商業社會的分工變化

今天，社會分工發生巨大改變，原來很多供應鏈端都在自己手裡，效率很低，成本很高，**S2B模式的到來，就是透過供應鏈服務平台去賦能創業者，同時協同服務消費者，是未來商業社會分工變化的必然選擇。**

這就像是航空母艦與戰鬥機，前者為後者賦能，後者為前者護航並進攻。前者離開後者，只不過是海洋中的活靶子，而後者離開前者，則終究要掉在海裡。

唯有S與小B結合在一起，共同服務消費者，才能實現四個優勢：

1. 夠小：個人成為創業主體。
2. 夠簡單：一部手機就可以操作。
3. 夠裂變：低成本快速擴張。
4. 品質夠高：以統一的形式提供供應鏈服務，小B不用處理研究開發、製造、倉儲、包裝、物流、IT系統、支付與結算等一連串的問題，可以專心經營自己的社群，就能獲得可觀的收益。

舉例來說，我投資的一個社群創業共享平台「好獲嚴選」（見圖3-1），專心做好供應鏈賦能，將進貨、接單、客服、發貨等一系列問題全部解決，進而為小B創業者提供平台，讓小B只需要分享就能夠賺錢。

在二〇一七年的「雙十一」期間（註：中國一年一度的購物狂歡節），到處都在打折、促銷、剁手，其實背後的奧祕是各家在供應鏈能力上的對戰。京東的理念是「多快好省」（儘管一點都不省），而好獲的理念是「多快好省賺」。為

圖表 3-1　好獲嚴選

好人好品好收穫

什麼京東沒有「賺」？因為賺錢是劉強東的事。只有在「好獲嚴選」，賺錢才與你有關係！

今天，在行銷成本越來越高的背景下，「好獲嚴選」放棄傳統電商的流量思考，專心做好供應鏈賦能。它關注的不是怎麼賣更多，而是怎麼才能更好賣，它也不是先想公司怎樣可以賺更多的錢，而是想怎樣才能讓足夠多的小B賺錢，還不用承擔風險，沒有壓力。只有夠簡單，才是大道！

流量的取得越來越燒錢，讓社群裂變才能降低成本

在流量成本日益增高的時代，社群營運與社群裂變將是未來低成本流量的重要來源。事實上，全世界將裂變做得最好的人就是耶穌。

《聖經・馬太福音》第二十八章第十九、二十節當中，有一段關於裂變的經典金句：

你們要去，使萬民做我的門徒，奉父、子、聖靈的名給他們施洗。……我就常與你們同在，直到世界的末了。

這句話包含著裂變的終極祕密：

1.「你們要去」

裂變不會自動發生，而是需要指令，裂變不應該只是一種行銷行為，而應該成為基本的運行機制。

2.「使萬民做我的門徒」

如果門檻太高、人群太窄，就無法裂變。只有門檻夠低、人群夠寬，才容易產生裂變。

3.「奉父、子、聖靈的名給他們施洗」

裂變需要一個好的源頭，例如學習等，消費者便不容易拒絕。

4.「我就常與你們同在，直到世界的末了」

產生裂變必須為裂變者提供好處，而這個好處不一定是金錢，也可以是資格、名譽等一切有價值的東西。

❖ 啟動裂變行銷的機制，必須具備4個功能

裂變的前提是價值與成交。裂變是機制的一部分，不能只是行銷行為，而應該是機制重要的構成部分，而這個機制需要做到以下幾個要點：

1. 有晉升機制——可升可降
2. 有淘汰機制——可進可出
3. 有獎勵機制——獲得獎勵
4. 裂變的重要手段——二級分銷

二級分銷是目前商業社會當中被廣泛使用，並且無數次證明威力強大的裂變手段（註：關於二級分銷，總店透過推廣確定一級分銷商A，一級分銷商往下發展一級便是二級分銷商B）。無論是政府還是資本，都是認可且允許二級分銷。現今，中小企業在創業時可使用的流量獲得機制為數不多，二級分銷便是其中一種。

❖創業不容易，做好裂變還要給好處

現在的創業環境已經幾乎把微型企業、創業者逼到絕境，我們細數當下，有幾個淘寶天貓的個體店主能夠賺到錢？為什麼會這樣？

因為必須向巨頭交「保護費」，也就是流量費。

為什麼不去清查一堆層層返利、販賣仿冒劣質商品的微商，反而把原來要交給馬雲、劉強東的錢，分給願意在微信上分享的人？

大家都知道原因：商業霸權猛如虎！

做好裂變還需要提供好處。在前文中，《聖經》經文涵義的總結，就是給好處、有利益，上帝都提供人們利益，你不給當然沒有人理你了。而且，裂變離不開價值與成交，裂變的奧祕在於為別人提供價值並進行成交。

提供價值要抓住人性的兩個特點——恐懼和貪婪。成交需要掌握成交的關鍵，首先要了解成交的定義是：基於未來與對方建立一種新關係，並且排除雙方在建構關係過程中遇到的一切障礙。

因為想要成交，你必須開大門、走大路，不能有局限。

網路行銷手法千變萬化，首要關鍵是做生意先做人

今天行動互聯網時代與過去最大的差異，就是載體不一樣了。也就是由電腦變成了手機，而手機微信的四大特徵（簡單、有錢、連結、真實），更改變了這個時代的信任原則。

過去我們在騰訊QQ上是二次元，網名和頭像都是假的，但是在微信上必須用真名和本人頭像，否則缺乏信任的基礎。（註：騰訊QQ是於一九九九年二月推出的一款多平台即時通信軟體，從文字、語音和視訊，發展到檔案分享、線上存取空間、電子信箱、遊戲、論壇、網購等服務。）

❖行銷注重靈活多變，但都要經過4個環節

今天所有的行銷千變萬化，但有一件事不會改變，就是行銷必經的四個環節：動機—認知—信任—成交。其中，動機、認知與成交，都很容易透過虛擬世界的行動互聯網工具來完成，唯有信任最難。

在你學會經營自己在行動互聯網時代的信用體系之後，才會抓住客戶做到生意，生活有人脈，生命很美滿。事實上，學會經營信用有三大好處：

1. 了解一切生意的本質，理解「做生意，先做人」。如果你知道過去之所以經營慘澹，是因為沒有建立自己的信用體系，那麼從現在開始，你就有了新的努力方向。

2. 一點點的累積讓你開始有了成果，客戶逐漸信任甚至喜歡你，朋友圈的點讚也越來越多，諮詢的客戶也增加了。因此，即便成交量不多，但至少你的成交轉

化率在上升，於是開始有了信心，生活也開始發生改變。

3. 因為你的信用越來越好，所以隨之變現的場景也會越來越多，成交的速度也越來越快。因為你的信用良好，所以很多人願意跟你做朋友，甚至介紹客戶給你，你的人生也會越來越充實。

❖ 交易行為多元多樣，得獲得顧客信任

那麼，如何建立自己的信用體系？首先，你必須了解現在互聯網時代的信用原理：

1. 群體主觀太強，處理資訊得小心翼翼

現在是所謂的「後真相」時代，人們不關心你到底是誰，以及真正的事實是什麼，他們只關心自己聽見、看見的東西，並且主觀地解讀與加工，因此發布一

切資訊都必須慎重。

舉例來說，把訊息發布在朋友圈，有些人在分享內容時，為了圖方便就直接轉發給別人，但是這樣對嗎？有沒有發現社群經營高手的共同點，就是絕對不會不打聲招呼就轉發任何東西。因為發文的重點不是告知消息，更不是用廣告暴力洗版，而是向世界展現你的態度，並且記住你發布訊息的朋友圈有何需求：

a. 有主線，可斜槓。

b. 有態度，不隨意。

c. 有情、有趣、有用、有品。

你可以分享產品文、商業文，甚至可以有自己的行銷目的，但不可以貪圖方便直接轉發，那種作法雖然省事，卻很愚蠢而且沒有效果。你要在一切的事情上展現自己的態度，才會對建構你的信任體系有幫助。

2. 在很難產生信任的環境，建立信任有順序

將信任代理載體轉向個人。當人們不再相信名牌、大牌的時候，會開始懷疑。當懷疑產生的時候，人們開始相信自己。

這個時代已經發生巨變，廣告做得好不如口碑傳得好，口碑再好也要看賣的人好不好。從這個時代開始，人們不再相信商品廣告，從信任商品轉移到信任人。這樣的時代和大環境，讓更多有信用的人開始變現自己的信用資產。

3. 想獲得信任，從建立自我形象開始

信任體系需要「人設定位」（註：意指人物形象設計）。在城市裡生活，網聊比見面容易很多，我們對人的認知大多來自網路和朋友圈中零碎化的資訊，因此自己的人設至關重要。同時，自己的所有言行舉止都要圍繞著人設展開，才會對你的信任體系建設有所幫助。

社群裂變的基石是規則，制定規則要依循3要素

低成本流量靠社群，社群壯大靠裂變。對於社群裂變來說，最重要原則是「規則」。不是把人聚在一起就可以稱為社群，而是一群人擁有共同的興趣、愛好、價值觀或是目標之後，在特定規則與結構的指導下，一起實現這個目標，才可以稱為真正的社群。

當大家聚集在一起，為了共同目標而努力的時候，就需要有規則，如果沒有規則，那麼什麼也不會有。破壞規則就是在損害絕大多數人的共同利益，而維護社群規則就像保護自己眼睛一樣，需要大家共同努力。

接著，我們來了解一個社群的發展，其實社群自古以來就有，簡單概括為以

下三種：

1. 宗族型社群：因為血緣而聯繫在一起，為了實現宗族的繁榮。
2. 行業型社群：因為社會分工細緻化，相關人士為了行業的繁榮而聚在一起。
3. 興趣愛好型社群：因為共同的興趣愛好聚在一起，形成發展愛好的社群。

❖手機經營社群真便利，卻得面對許多問題

在今天的行動互聯網時代，社群發展必須依靠互聯網工具。形形色色的社群將人們以超越時間、空間的方式連結在一起，非常便利，但同時產生許多新的問題，社群必須面對以下三件事：

1. 不夠精準：如何篩選有效的目標人群？

2. 無法控制：如何有效地制定規則管控？

3. 缺乏信任：如何建立相對信任？

另外，行動互聯網社群必須解決的三個操作層面問題，具體來說包括：

1. 活躍度如何保障？

2. 參與度如何提升？

3. 裂變力如何加強？

要想解決這些問題，就一定要懂得建立社群的規則。社群規則建立好之後，會帶來許多好處。

1. 規則可以自動過濾負面資訊，讓正面積極的人在社群中散發正能量，提高社群活躍度，成員相親又相愛。

2. 社群有了規則才會有品質，而唯有高品質的社群才能做出有品質的活動。

3. 有了規則，社群才有更高的參與度，促使社群成員的能力迅速提升。每個個體都可以為社群加入全新的血液，大大加快社群的發展速度。

❖社群要有原則，原則必須符合人性

社群規則之所以能產生這麼大的威力，是因為以下三件事：

1. 規則替代你自己，進而幫助你自動剔除搞破壞的人。

2. 唯有嚴格執行社群規則，社群的內部成員才會認真看待社群制度，沒有人敢搞破壞，所以活動的參與度與可控性都會非常高。

3. 社群由規則替代淘汰機制，最終留下的將會是非常優質的人，而社群的裂變速度也將越來越快！

運用原則來做人，確定什麼不能做。依據規則來做事，制定規則時的核心是符合人性，制定具體規則必須注意三個層面：門檻、紀律、淘汰。

1. 門檻

我們要記住，沒有門檻的社群都是垃圾，因為沒有人會珍惜這個社群，最後會形成「破窗效應」（註：Broken Windows Theory，由威爾遜〔James Wilson〕與凱林〔George Kelling〕共同提出，意指如果某棟大樓的破窗沒有即時修好，將有更多破壞者把窗戶打破，甚至闖入大樓偷竊或縱火，導致犯罪擴散）。

最好的門檻是從一個小要求升級至中要求，再升級至大要求，透過這種方式逐步將優質選手從人群中篩選出來。

2. 紀律

今天時間如此寶貴，當人人貢獻價值時，你的社群成員就會投入更多的時間，而你的夥伴期望在有限的時間內，獲得最有價值的東西，因此需要紀律確保夥伴能夠滿足這樣的需求。

3. 淘汰

必須淘汰不遵守規則、無法貢獻價值的人，只有嚴格執行才能贏得尊重。

好的社群需要有持續的內容供應，而且是有規畫、有系統地供應。如果社群當中的人是花草，那麼社群就是土壤，當土壤沒有營養時，花草遲早會枯萎。

「超級社群＋超級供應鏈」的組合才能發揮威力，只有社群的空軍不行，只有供應鏈的陸軍也不行，兩者虛實結合才會萬物生長！

想快速吸粉？4步驟就是鎖定目標、分析痛點……

我們都知道**流量是商業的血液，沒有血液人會死，沒有流量商業也會死**。

在七、八年前，因為流量獲取成本非常低，導致「得流量者得天下」這句話紅極一時。其實，我本身也是流量思維與時代體系下的既得利益者，並且曾經策畫過許多項目，都利用了「廉價流量」、「免費流量」等紅利。

舉例來說，「商務通」手機率先集中使用電視台的垃圾時間，讓商務通手機一改曾經的手機門市通路，透過電視購物通路紅遍天下（註：「商務通」為中國大陸恒基偉業開發生產，於一九九八年上市的PDA掌上電腦，現在相關產品已經被智慧型手機完全取代）。

還有「如煙（RUYAN）電子菸」利用報紙廣告，以及飛機上播音的免費流量，紅遍整個市場。二〇一一年左右，若是你做電商且有一定的技巧，那麼僅憑藉天貓旗艦店就可以獲得幾十萬的訪客，而流量是不收取任何費用。只要方法得當，轉化率甚至可以達到五〇%。

那時候，只要嗅得出時代的變化，絕大部分人都能賺到錢，但終究成不了事，因為缺乏遠見。在那個撿錢只要彎個腰的時代，大多數人也沒工夫去想未來到底會如何。

❖電商賺錢太容易，忽略思考未來的變化

但二〇一三年，一波九〇後的世代出現，他們不懂什麼流量思維，進入大學後就與智慧手機打交道，自然而然就使用微信來通訊。一批沒有被設限的年輕人開始在微信上賣貨，速度驚人且規模宏大。

那時候，電商業者尚未意識自己落伍了，絕大部分都還在帶著老思想看新微商，就像是傳統企業當時看電商一樣，看不懂，也看不起。

到了二〇一七年，微商全面陷落，「微信三政策」讓強弩之末的微商再次掉進深淵：

1. 用「搜一搜」可以直接搜尋商品具體的可供貨種類，並且可以購買（註：搜一搜是微信的功能，使用者可以直接透過熱詞搜索對應的文章，並在每一個熱詞後還有相應的微信指數）。
2. 即將推出一鍵刪除三個月未連絡者的功能，劍指微商。
3. 最嚴格的食品安全法在二〇一七年十月一日之後，開始在微信上執行，沒有備案的食品商務行為，均可視為違法。

在短短十年之間，流量行為在大方向上就變化四、五次，大家摸不著頭緒，也無法適應，但其實這都算是正常，因為在第一線觀察新零售風起雲湧的研究者、實踐者也都很難適應。

在電商連續四年成長率下滑的狀態下，結果二〇一七年的雙十一沒有往昔的狂歡，而是非常寧靜，流量一年不如一年。因此，再強大的資本、資源及實力，都無法支撐「視窗紅利期」。

❖電商領域中有個重要的賺錢公式

那麼，今天的視窗紅利期是什麼呢？

今天的視窗紅利期是S2B的到來，供應鏈賦能創客的時代已到，不是去找C而是去找B。

曾經花鉅資燒起來的O2O、曾經靠拉人頭做起來微商、曾經靠灰色地帶做起來的代購、曾經在半地下發展的直銷，這些流量池都已經開始漏水，而且是嚴重漏水。

那麼，我們還有機會嗎？我認為機會太大了！

在電商領域中最重要的賺錢公式就是：

流量×轉化率×客單價＝銷售額

在這個公式當中，轉化率有一定的機率，客單價隨著不同的品類表現不同，但整體客單價並不高。因此，想要獲得更高的銷售額和利潤，只要想盡辦法搞定一切流量就可以。

之前，天貓、聚划算的負責人（註：聚划算是阿里巴巴集團旗下的團購網站），因為內部腐敗的流量問題，被馬雲送進監獄。可想而知，當年流量的競爭到了何種程度，但這一切都終結於二〇一二年。

二〇一二年人們上網紅利消失，同時行動互聯網迅速崛起，導致新時代與新的賺錢思維開始。**要想做好社群與粉絲，就要先收起玻璃心，這個世界不相信你是正常的，相信你是反常的；不相信你是大多數的，相信你是少數的！**

❖ 先做3種分析，再進行有價值的分享

以下讓我們看看，建立社群或吸引粉絲的步驟是什麼？

第一步：分析客戶是誰？

第二步：分析客戶的痛點是什麼？

第三步：分析客戶在哪裡？

第四步：分享實用的知識或技術，快速吸粉。

當你分享實用的知識或技術時，其實內容不一定必須是原創的，像是原創就

可以了。你可以把自己學到的一些知識，透過朋友圈、微信群組、公眾號等工具分享出去，進而創造出屬於自己的種子。

今天，我們每一個人要勇於分享給別人，要告別索取者的心態，成為奉獻者，養成習慣問別人：「我能做些什麼？」

一定要拒絕當宅男宅女，要主動走出去產生連結與互動，才會永遠都受到歡迎。因此，在這個智商過剩的年代，讓人動心才是唯一的技巧！

想極速成交？掌握馬斯洛需求層次，連結痛點、行動及好處

關於成交的技巧，我們要從以下三個角度入手：觀念、知識、方法。

我讓兩個兒子進行過一次成交訓練，任務是在社區門口推銷電子小鬧鐘，零售價十五元。很多家長不理解，為什麼要讓這麼小的孩子去推銷呢？但事實上，對於兩個孩子的成長，這樣訓練非常具有意義。他們從那一天起，明白了賺錢需要成交技巧，而要掌握成交技巧則要有智慧與練習。

這麼小的孩子在沒有賣出商品時也會沮喪，在賣得出去時也會喜悅與滿足，這讓成長變得更有意義。況且，即使兜售一個小小的電子鬧鐘，每個單價只有十五元，他們一樣需要研究賣點、話術及成交策略。

我在以色列的時候，發生一個成交的故事。當時我在以色列的城區裡四處逛，打算買一種猶太人小帽子當做禮物，送給國內朋友的孩子，於是我找到一位猶太老人。當我詢問價格時，老人回答二十元舍客勒（註：一元舍客勒約為八・六元新台幣），我試著講價說：「十五元行不行？」沒想到老人痛快地答應，我便購買四個小帽子。

在我付完錢準備離開時，老人攔住我問道：「你叫什麼名字啊？」我回答他之後，沒想到他握著我的手，為我祈禱祝福，還給我的手上繫了一條紅繩表示吉祥，感覺很有儀式感。結束後，老人拿出一個小鐵罐，對我搖了搖，於是我把剛才討價還價省下的二十元放進去。

❖從以色列的購物經驗，體悟5個關鍵原則

這個故事為我們展示，在成交過程中有五個很重要的原則。

1. 和顧客保持一致的原則：我從二十元講價為十五元，對方答應。

2. 給顧客尊重感、關注感：我只購買四頂小帽子，老人還詢問我的名字，這是一種對顧客的重視與尊重。

3. 給顧客祝福：出於愛的成交才能為顧客帶來祝福，商業的目標就是可以祝福更多人。

4. 有智慧地化解衝突：顧客需要的不是便宜，而是占便宜。

5. 成交虛實結合：有儀式感。

這一個小故事蘊含著豐富的成交智慧。以色列猶太民族之所以能成為全世界最富有民族，正是因為他們從小受到這樣的教育：好商品不去成交，就是縱容劣質商品侵占市場，這是一種犯罪！

❖猶太人告訴你，成交是為客戶做貢獻

猶太人有一部經典著作叫做《塔木德》（註：Talmud，字義為教導或學習，是猶太教中地位僅次於《塔納赫》的宗教文獻）。每個猶太人在小時候都會被要求，舔一下封面上塗有蜂蜜的《塔木德》，而這麼做的原因是為了告訴孩子：智慧是極好的。

事實上，這部著作確實蘊含著很多深刻的智慧，其中有一個小故事如下：

眾所周知，猶太人很重視每個週日，也就是安息日。每到安息日，所有的猶太人都要停止工作，準備好飲食，裝扮好自己，來度過美好的一天。

在某個安息日的前一天，一位猶太人婦女非常沮喪，因為她到集市賣蘋果，可是一個也沒有賣出去。如果她的蘋果賣不出去，她就沒有條件去度過一個好的安息日。

就在她一籌莫展之際，一位拉比（學者）出現了。在猶太人的文化中，拉比的地位僅次於君王，擁有極高的身分。

這位拉比在了解了婦女的情況之後，竟然站在凳子上高聲叫賣：「快來看呀，這個城市最好的蘋果！」眾人立刻被拉比的叫賣聲吸引而圍過來，很快地婦女的蘋果就銷售一空。

拉比告訴婦女：「你的蘋果好，就要大聲地說出去，否則就是在縱容不好的蘋果占領市場，而你的蘋果哪裡不好，你也要誠實地告訴大家。」

這個故事反映了，猶太人從小就接受良好的成交觀念教育。我們反觀自身，很多人對成交有著深深的誤解。今天的企業缺流量、通路、品牌，商品賣不出去，但有些人仍然麻醉在「思想很豐滿，錢包很骨感」的狀態中，為什麼呢？因為不會成交，不敢成交，誤會成交！

有人擔心：「我推銷自己的產品，別人會怎麼看我？」「拿別人錢，多不好意思？」但是你忘記了，這個世界不是只有你的企業在做這個產品與服務，如果你不去服務，自然會有別人去服務。

倘若身邊的朋友都不能信任，那麼還有誰可以信任？另外，我們收取朋友的錢，就是要創造利潤空間，沒有利潤空間，哪來服務？沒有好的服務，哪來品牌？沒有品牌，產業的希望在哪裡？

❖成交是什麼？為什麼追求成交？

成交就是和對方面對未來，去建構一種新關係，並且為對方解除在建立關係過程中的一切障礙。

一切好的成交都是為了愛，不去成交的人無法避免失敗，更無法追求成功。當你抗拒成交的時候，其實就是在抗拒成長，所以你需要學習成交，因為世界上從來沒有一個詞像「成交」一樣，被你嚴重誤解。

你身邊的人需要的其實不是那些錢，而是有人真誠地願意和他們建立關係，幫助他們解決問題，成交和錢多少沒有關係，甚至可以說和錢沒關係。

有人說：「我很有錢，不需要成交！」這是大錯特錯，你很有錢，那只是和你自己有關係，但和別人沒有關係。我們不會敬重那些只是有錢的人，而會去敬重有愛心去幫助他人的人。其實你越有錢，成交的壓力會越大，因為連帶你的責任越大。

中華民族為什麼勤勞卻並不富有？這與我們從小接觸的成交教育有關，猶太人的拉比都會主動成交，更別說其他人了。因此，在破除成交的心理障礙後，需要我們一起來掃除成交的知識盲區。

為什麼你總是無法很好地成交？

首先，我們需要明確一個前提：成交是你願意為對方貢獻對方需要的價值，這一切都建立在「洞察」的基礎上。成交時，每個人都有自己的主觀意識和潛意識系統，只有透過現象看本質，才能從根源解決成交障礙。而其中的本質，就是找到對方內在的需求與痛苦。

❖ 懂得馬斯洛需求層次，讓成交迎刃而解

為什麼我們有時候很難成交呢？因為我們有時候只看表面，而不關注本質。每個人的行為背後都有他的主觀意識系統和潛意識系統，主觀意識就是人對於事物的主觀認知，以及這個人對於這件事物的判斷與推理。潛意識是我們從小潛移默化形成的，往往比主觀意識更加強大，卻隱藏在行為的最深處。

我們把潛意識系統簡單地分為理解的六個層次（見圖3-2）。

在理解的六個層次當中，最下面一層是環境，任何人的成交都是在一個獨特的環境中。無論是線下還是線上，無論是會議還是一對一，都會在一個特定的環境下。在不同的環境裡，每個人對於同一件事可能會有截然不同的反應，導致不同的行為。

圖表 3-2　馬斯洛需求層次

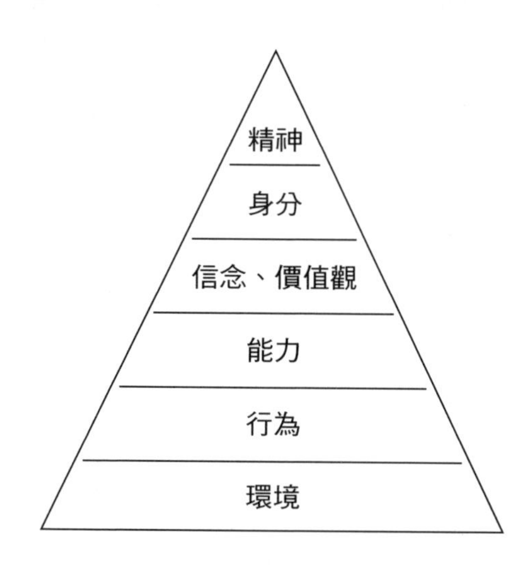

在成交的過程中，我們要用一個行為在某個環境產生作用，進而產生一個結果，而這個結果就是成交，這才是我們想要的。

什麼會決定一個人的行為呢？答案是能力。

什麼會決定一個人的能力呢？答案是信念和價值觀。

什麼會決定一個人的信念和價值觀呢？答案是身分。

什麼會決定一個人的身分呢？答案是精神。

除了外在的物理環境和自然環

境之外，環境還包含你與對方的關係，你與對方的關係是否足夠信任，這都會影響對方最終的行為。

什麼會最終決定對方的行為呢？答案是他的能力。因此，很多時候你想要讓對方同意成交，你要看他是否具備相應的支付能力。

但有時候我們會發現，很多表面上看似不具備相應能力的人，卻做出超過他能力範圍的事，那是因為上三層決定了下三層。上三層是精神、身分、信念和價值觀，下三層則是能力、行為、環境。能促使人做出超過他能力範圍的事，一定是影響到他的信念和價值觀。那麼，信念是什麼呢？

❖顧客身分的轉變，將改變信念和價值觀

一個人的信念就是他相信什麼。他相信某個事物雖然現在沒有出現，但將來一定會出現。

再往上就到了身分層面，這個更重要。很多時候，你想要與某個人成交，就需要改變對方的自我身分認知。

舉例來說，你想要與某位女士順利成交。如果在你與她的溝通中，對方認知自己的身分是正在扶養年幼孩子的母親，那麼她會有母親的信念和價值觀。如果對方認知自己的身分是家庭主婦，那麼她會有家庭主婦的信念和價值觀。如果對方認知自己的身分是職業婦女，那麼她會有職業婦女的信念和價值觀。因此，我們要做的事，便是改變對方對自己的身分認知。

再舉個例子，唐僧從普通和尚到決定去西天取經，他身分的轉變直接導致自己信念和價值觀的轉變。

再往上一個層次就是精神，精神的含義是「我為了什麼？」這涉及一個人的使命與願景。很多人在成交一些實力比較強的客戶時，不能與對方談論下三層的事情，甚至沒有必要與對方談信念、價值觀，身分，因為有能力的大人物都有非常穩固的信念、價值觀，以及固有的身分認知。這時候，要與對方談論精神層面的事情。

所以，**精神決定身分，身分決定信念，信念決定能力，能力決定行為，行為決定環境**。當你在某個點上不能成交的時候，一定要上升一個維度，因為你現在談論的維度可能不是對方關心的。

當顧客在行為上出現抗拒，一定是因為系統內有瓶頸，而瓶頸沒有清除掉，無論如何都無法成交。因此，我們一定要在與對方溝透的過程中，找到合理思維路徑，逐漸向下落實從思維到行為的閉環。

❖成交的關鍵：痛點加上行動與好處

接著我們必須理解一個成交系統，其中包含四個模組：成交標的、成交壓力、成交動力與成交主張（見圖3-3）。

圖表 3-3 成交系統

成交標的　成交壓力　成交動力　成交主張

成交

第一個模組：成交標的

首先，要明確突顯你商品的賣點是什麼，以及你的商品能為使用者解決什麼問題，這個我們一定要非常清晰地展現出來，才能建立第一步的價值認知。

例如，王老吉（註：王老吉涼茶是廣東著名飲料，在清朝道光年間由廣東鶴山人王澤邦所創立）有一句名言：「怕上火喝王老吉。」這句話當中就有一個標準公式：「**痛點＋行動＋好處＝成交**」。

還有，我們熟知的「睏了、累了就喝紅牛（Red Bull）飲料」，也和「怕上火喝王老吉」一樣，都是瞄準一個痛點，然後提供一種足夠簡單的解決方案。

其次是服務，除了產品之外，還要搭配相應的服務，包括物流、倉儲與售後等服務，只有優質的服務才能增強使用者的黏性與忠誠度。

第二個模組：成交壓力

接下來是成交壓力部分，我們在成交過程中要塑造兩樣東西：急迫性與稀少性，同時要去詳細解釋清楚，為什麼急迫、為什麼稀少，當這三個都說清楚了，對方會產生一種急迫感，就會快速行動，而不是「等等再說」。

第三個模組：成交動力

在製造成交壓力之後，會產生第三個模組，以提升對方的成交動力，其中包括三個部分：信用狀、零風險承諾與價格優惠。人們往往不是怕買東西，而是怕買錯東西；人們不是怕投資，而是怕做錯投資。

所以，過去在成交過程中，你需要把信用狀給對方，而身處今天的社交電商時代，其實你自己就是最大的信用狀，因為當你推薦商品給別人的時候，對方一定會問你自己的親身體驗是什麼，使用的感受是什麼。如果你自己都沒有好的結果，別人怎麼會相信你？

接下來就是零風險承諾，意思是你要讓你的顧客知道，他做這個選擇是沒有任何風險的，因為你在為他擔保，這就能打消他心裡的擔憂。同時，當你能夠做出零風險承諾的時候，其實也是讓對方看到你對於自身商品的信心，如果連你對自己的商品都沒有信心，對方一定不會選擇相信你。

另外，還有價格優惠，人其實不是喜歡便宜，而是喜歡占便宜的感覺，所以在成交的最後，我們要做出一點點價格上的讓步，這樣才能夠讓對方的消費心理得到最大的滿足，讓對方的購買體驗很舒服。

第四個模組：成交主張

最後一個模組是成交主張：支付方式和贈品方案。支付方式方面是為了排除對方能力方面的障礙，如京東白條（京東金融旗下的「先消費，後付款」的支付方式）、分期付款、信用卡支付等。

贈品方案則是在成交的最後關頭，給對方一個立即行動的理由，結合前面提到的緊迫感、稀少性，提供稀少性的贈品，如僅限前十名，或是僅限今天購買，如此一來，就給了對方一個立刻行動的指令，促使對方完成成交的動作。

當這一套完整的體系與前面的理解六層次結合在一起，你即使面對不同類型的顧客，也能夠生成一套完整的成交策略，讓業績加倍增長！

用「找定產巧能」模型建立社群，抓住愛你狂粉

今天社群已經成為主流型態，一個藝術家只要有一千個粉絲，就可以活得很好；一家企業只要有一千個粉絲，就可以經營得很好。

不過，**社群中有兩個重要的支柱，那就是契約與價值**。

二〇一七年雙十一的時候，我針對「好獲嚴選」平台建立一個「十天財富成長」的線上微信群組，要求凡是加入群組的朋友，都要轉發指定的裂變文字和圖片到朋友圈，才可以聽我的課程。

然而，有些人沒有做到，我只能按照規則將他們請出群組。有的人問，刪掉這麼多人會不會太嚴格了？但如果沒有這些契約和價值，這個群組的存在又有什

麼意義呢？

1. 是否有需要和價值才是重點。這個課程是否適合你，你是否有需求，如果有需求，那就說明你應該獲得。

2. 價值是相對的。對於身處沙漠的人而言，水就是救命，但對於住在湖邊的人來說，水是很平常的東西。如果你有需要又覺得有價值，就應該遵守契約。

3. 任何價值的背後都有契約。形成契約之後，每個人都應該去尊重與捍衛。因為只要有一個人破壞契約，就代表傷害了所有人的利益。對那些沒有需要或覺得沒有價值的朋友而言，離開就是最好的選擇，否則造成困擾也是一種不尊重。

正因為有價值、需求及契約，大家才能相聚在一起，人類社會的運行也是靠這三樣東西。

❖如何營運社群？需要概念與方法

接下來，我們討論社群營運的基本概念、模型與方法。

1. 建構社群最重要的三點

需求：你需要聚合一群對某一件事有共同需求的人。

價值：你能為對方提供什麼價值？

契約：所有人都遵守一個契約。

2. 目標＋使命＋願景

我們還要記住，是依靠什麼來建立這個社群，裡面要具備服務他人的意識、提供價值給別人的能力，需要為大家承諾價值。社群就像土壤一樣，裡面的人就像花花草草，只有在肥沃的土壤中，花草才能快速成長。

3. 社群建立的模型——「找定產巧能」（見圖3-4）。

「**找**」是指找到一群對這件事有共同興趣愛好的人。透過把價值發散出去，把人收進來，透過小規則把人篩選出來。人不在於多而在於精，多沒有用，要能一致行動。

「**定**」是指訂定結構，組成成員要分為五個層次。

第一層：社群裡一定要有一個社群領袖，他來負責營運和價值輸出，同時制定價值、契約、目標、使命、願景。

第二層：社群領袖下面需要有七梁八柱，或是鋼鐵粉絲，我們稱為「一個好漢三個幫」。

第三層：需要一批專職人員配合領袖做好社群營運，要把規則落實到位。

第四層：由鋼鐵粉絲裂變出的粉絲營運。

第五層：社群的活躍度。如果前四層都做好了，這個社群將會是一個很好的

圖表 3-4 社群建立方法論

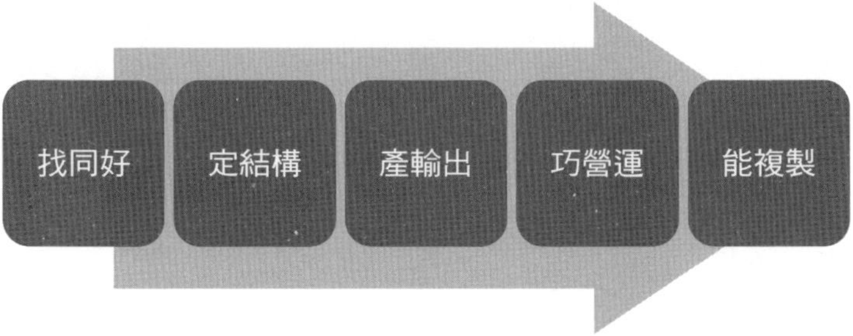

找同好 → 定結構 → 產輸出 → 巧營運 → 能複製

結構，活躍度自然不會很差。

在創建社群的微信群組時，會有不同的角色：創建者（擁有權威）、管理者（賞罰分明）、參與者（高活躍度）、開拓者（善於交流）、分化者（理解文化）、合作者（開放分享）、付費者（捨得與支持）。

這裡要強調，社群的管理應該是內鬆外嚴，要區分這個社群屬於工作群組還是情感群組。一般來說，工作群組必須嚴格，要有管理制度和刪人標準，而情感群組則是相對上放鬆一些。

「**產**」是指產出內容、提供價值。一個社群之所以能輸出內容，並且持續提供價值，必定是因為它有一套輸出體系，而這個體系可以用文字、視頻、語音、專案等各種方式輸出，也可以邀請社群成員一起出書或是做活動。

「**巧**」是指靈巧營運。要重視儀式感，儀式感的意思就是讓人覺得這一刻與生活中的其他時刻不一樣。還要重視參與感，在社群營運的過程中，讓大家定期分享或是參與討論，來創造一系列的參與感。

「**能**」是指內容輸出能力。透過社群營運，幫助群成員提高他們的業務能力與輸出能力。

我們經常說無組織不社群。**關於社群營運，線上一般需要資源配置管理電商化，而線下是組織活動進行互動。**有句話是「線上聊千遍，不如線下見一面」，線上的優點在於效率高並且可以進行資料化，易管理，而缺點是建立信任難。線下的優點是容易建立深度連結與信任，而缺點是效率低，覆蓋面窄。

因此，健康的商業型態是交易結束，關係才剛剛開始，不健康的商業型態則相反。社群的營運原則是：是你生的，就應該你養！不能只管生，不管養！

社群行銷需要領袖引導，他得具備5種特徵

人類發展至今，實際是一段由社群領袖和社群共同驅動發展的歷史，無論是耶穌、佛陀還是黨派都是如此。今天的商業社會仍然是這樣，雙十一只是阿里巴巴創造的一個不存在節日。

接下來，為大家講一個屬於我的真實故事。

❖ 當事業達到巔峰，孩子卻罹患不治之症

我可說是少年得志，二十多歲就憑藉自身的努力，在一家大型諮詢顧問公司

工作，從專案助理一直做到總裁、董事長。因為從小就沒有任何的依靠，所以始終認為人定勝天，只要努力進取就一定可以改變自己的命運。

我在二十多歲的時候確實也做到了。我在業界的聲名開始竄起，用今天的話來說叫「五子登科」，那時候我印象很深的是，在我事業最高峰時，我一個人帶領十幾個企業的管理諮詢專案，有巨型企業也有中小型企業，幾乎沒有我搞不定的專案，那個時候我很驕傲地覺得，自己很行！

時間到了二〇一一年，突然有一天，我太太打電話給我，哭著跟我說：「醫師說孩子得白血病了！」我當時如同五雷轟頂，從來沒有想到過居然會發生這種事情。那個時候，我的生活狀態基本上就是「空中飛人」，經常趕到各個城市去和企業家開會討論諮詢專案，可說都是腳不沾地，從飛機上直接換到車裡，再從車裡到企業辦公室，不斷到各地出差，一個月沒幾天在家陪家人。

我總是心存僥倖，覺得有病不必擔心害怕，用錢解決就好了。但更糟糕的消息是，醫師說孩子罹患的是罕見的白血病，只有骨髓移植一條路可走。可是，找了所有的資料庫，都找不到匹配的骨髓，而我們夫妻的骨髓也不能用。醫師對我說，假如沒有可換的骨髓，孩子只有三個月的生命。因為無計可施，最後只能把孩子接回家了。

❖痛失愛子的悲痛，轉化為服務企業的力量

二〇一二年元旦結束，我去南通拜訪客戶，這是一家全國排名前三的家紡企業，一月四日上午，準備了三個月終於完成了專案提案，客戶也非常滿意。

我依稀記得在離開家門前，孩子問我：「爸爸，你為什麼又要出差呀？不可以留下來陪我嗎？」他用手指著窗外的幼稚園說：「爸爸，我想去那個幼稚園玩。」我心如刀割，可是不能表現出來，我吻了吻孩子的額頭，說了一句：「爸爸愛你！」就出發去機場搭前往南通。但是，會議剛結束，我看到手機有三十七個未接電來電，我心裡有數：孩子走了！

那天離開家門，是我和孩子的最後一面，以後再也沒機會給他什麼了。下午我回到北京，那天是二〇一二年的第一場雪，雪下得很大，冷得刺骨。

回到家裡，我的家人和朋友都在等我，我親自安排殯儀館的車，親手為孩子洗澡。家人已經哭成一片，朋友也不知道如何安慰，我太太靜靜地坐在椅子上發呆，一句話也不說。孩子是我親手從產房抱出來的，難產！我們一起養育他三年，今天卻要離別！

在去往火葬場的路上，我抱著他，為他唱我教過他的讚美詩歌。到了之後，工作人員讓我把孩子放下來，我捨不得。最後放進小紙棺的時候，我吻了孩子的額頭，說了一句改變我一生的話：「孩子，你先走，爸爸會去找你的，但是爸爸還有任務沒有完成！」

回到家後，我為家人安排外出旅行的計畫，希望他們暫時離開傷心之地。我一個人站在滿是積雪的院子裡，有一句話突然湧上了心頭：「孩子，你先走，爸爸會去找你的，但是爸爸還有任務沒有完成！」

❖希望告別黑色創業，提倡「綠色創業」的概念

在那段時間，我一再問自己：「我到底還有什麼任務沒有完成呢？」我拚命禱告，仰問蒼天，得到的回答是：「你孩子走了，去了天堂。你的親身經歷是為了讓你明白，人活著要為一個更為遠大的目標和更多人的福祉，你的才華與能力要為更多人謀福，才配得上你在世間剩下的時光。」

我開創事業十餘年來，所做的工作就是為企業家和創業者服務，甚至在孩子最後的時刻，仍然在為企業服務。我想自己的天命就是：讓創業者、創業環境變得更好！

怎麼會變得更好？我用自己的理智、情感及有限的能力一路追求下去，在開始內觀自己時找到了答案。

創業者實在可憐，為自己追名逐利，犧牲健康與家庭，先用命換錢，再用錢換命。他們看似為了下一代在奮鬥，卻有多少人在孩子成長軌跡中陪伴孩子？

後來，我成立一家公司「原點學社」，是希望有更多的創業者可以回歸原點，不要走我的老路，付出慘重代價後才懂得珍惜生命中寶貴的事物：為人正直、家庭和諧、身心健康，以及信仰忠貞。

我提出了「綠色創業」的理念，希望更多人成為「培養靈性、身心健康、關愛家庭、追求事業」的綠色創業者，告別「迷失信仰、損耗身心、破碎家庭、沒有事業」的黑色創業。

原點以培訓和諮詢業務為主，得到了很多朋友的幫助與支持。做了一年多，我又遇到了生命中的第二難關，我突然發現：「太難了。」

一般中小與微型企業的創業者，難道透過培訓就可以有所改變、實現「綠色創業」嗎？我越做越心虛，越培訓越沒有底氣。因為創業者勢單力薄，創業環境又如此艱險，許多創業者連基本的商業常識都不懂，只是憑著一時的熱情，就拿著身家殺入了商場，結果往往是一敗塗地。

我深刻感受到，無論是培訓還是諮詢，都無法改變一個事實：「**創業者太弱**

小」，想要真正地扶起他們，靠培訓和諮詢是遠遠不夠的。

❖ 遭遇重大失敗，激發出S2B模式的概念

這時候，我遇到生命中的貴人，也就是原點的投資人——中睿資本的郭平。郭平身為資本家，有情懷與使命，在生命科學與生物基因領域做了多年投資，擁有強大的海外醫學供應鏈，而那時候跨境電商開始風起雲湧，WTO在市場的多個品類的開放時限已到，意味著一個巨大的市場即將開放。

我身為諮詢顧問，心裡很清楚，創業者的處境會越來越艱困，因為中國供應鏈的水準，根本經不起海外優質商品的衝擊。

我答應郭平一定會協助他一起把跨境電商做好，因為我知道中睿的實力，如果它成功可以幫到很多創業者，因為實在難得有這麼好的資源，以及這麼好的機會！郭平曾經勸我放棄原點學社，全心全意來做中睿的事情。我考慮了很長時

間，並沒有答應，我說原點是我的使命，我會一直堅持下去！可惜我們又一次撞到「南牆」（註：意指不見棺材不落淚，不到黃河不死心）。

因為模式選擇失誤，二〇一六年九月啟動的跨境電商項目中途被叫停，前後損失近千萬。我心裡很清楚，我們做錯了，但是錯了就要認，於是在半年的時間裡，我們分頭思考，去看市場、看競品，和行業高手去交流。

直到二〇一七年四月，郭平打了一通電話給我，要我去福州，那天晚上我會一直記得，因為天亮了，有了方向，也有了出路，針對「好獲嚴選」的S2B新零售模式誕生了！

❖小B被S賦能，創業者不再孤軍奮鬥

在中國，絕大多數的創業者走上征程的經歷可能和我一樣，就是憑藉一些資源和單項能力衝上戰場，不用去奢談供應鏈能力，更不用去談供應鏈賦能。然

而，當環境突然變成世界型市場，進入全球化競爭時，我們赤身上戰場，面對如雨的子彈，有幾個能活命呢？

我越來越堅信，**未來只有兩種企業，一種是強大的S，即供應鏈服務體系，另一種是小B，被賦能之後發揮自身優勢，用社交的方式經營自己的社群。**

唯有讓小B被強大的供應鏈賦能之後，才有可能告別過去「黑色創業」的惡夢，使每一個人都更加幸福地去創業，讓好人賺到得錢，並且協助創業者脫離孤身作戰的險境。

因此，在福州的那天晚上，我們興奮、狂歡，更抑制不住地欣喜，我在每一個人臉上看到的，不只是贏得財富的喜悅，更是一種責任感。

因為，歷史給了我們這一批年輕人一次機遇與環境，一個平台出現了，提供一種讓更多創業者更幸福、更有成功機會的模式。

以上是我分享給大家的故事。雖然我第一個孩子很早就離開人世，但後來我又有兩個孩子，更神奇的是後來那個孩子的出生日期與前面那個孩子一模一樣，都是農曆二月十二日、週日、上午十點三十八分，都是順產。我想這是上天的恩典！

無論是家庭還是事業，一切都在變得越來越好，這是我們這一群人「不忘初心，牢記使命」的收穫。

❖ 領袖的首要特質，是相信會發生奇蹟的膽識

有句話說「不是井裡沒有水，是因為你挖得不夠深；不是你無法成功，是因為你放棄得太快」，所以領袖生命的第一個特徵是**膽識**，面對生命有足夠的膽識，相信生命會創造奇跡。

領袖生命的第二個特徵是**犧牲**，因為所有的衝突只有靠自我犧牲才能夠化解。領袖的犧牲是什麼？是承擔更大的責任，放棄更多的權力。

領袖生命的第三個特徵是**完結**，要和自己的過去完結，要和他人完結，要和

萬事萬物去完結，從而形成一個強大的生命。我們的生命都像一個車輪，裡面有許多軸承在支撐，若是一件事情未完結，便斷一根，直到軸承支撐不了生命的重量。

領袖生命的第四個特徵是**精進**，領袖需要持續更新自己，才可以賦能他人。領袖愛學習，愛到學習無時無刻，不會和別人比，而是問自己是否比昨天的自己要好一些，拒絕待在舒適圈，而是精進突破到學習區與恐慌區，並且刻意不斷地訓練自己。

我的朋友孫洪鶴，大家都叫他洪幫主，他讓我敬佩之處在於，三年不變每天輸出一篇文章，至今未改。我知道筆耕者是在喝自己的血去養活他人。

領袖生命的第五個特徵，則是**「為什麼」比「做什麼」更重要**！領袖會做很多事情，每一件都不一樣，但萬變不離其宗！所謂的「宗」，就是使命，平庸者也會做很多事情，每一件都不一樣，但背後的「平庸」卻都一樣。

很多人說自己不適合做領袖，因為領袖氣質是天生的，我認為並非如此。位居上位的指揮者並不是領袖，下面帶頭執行的人才是領袖，**領袖不在乎才能，而在於心志，領著大家實際去做、又為眾人謀福利的人就是領袖。**

因為領袖的職責是：號召更多的人為未來擔負責任，駕馭不確定性與不同的文化，為未來負起更多的責任，建構領導者的組織（培養新的領袖），還得經歷苦難的洗禮。

重點整理 03

- S2B模式的到來，就是透過供應鏈服務平台去賦能創業者，同時協同服務消費者，是未來商業社會分工變化的必然選擇，就像航空母艦與戰鬥機。
- 裂變的前提是價值與成交。裂變是機制的一部分，不能只是行銷行為，而應該是機制的重要構成部分。
- 所有的行銷千變萬化，但有一條不會改變，就是行銷必經的四個環節：動機、認知、信任、成交。
- 制定社群規則的核心是「符合人性」，具體規則的制定需要三個層面：門檻、紀律、淘汰。
- 想做好社群與粉絲，要先收起玻璃心，這個世界不相信你是正常的，相信你是反常的，不相信你是大多數的，相信你是少數的。

- 成交就是和對方面對未來，建構一種新關係，並且為對方解除在建立關係過程中的障礙。
- 正因為有價值、需求、契約，社群才能相聚在一起，人類社會的運行也是靠這三樣東西。
- 未來只有兩種企業，一種是強大的S供應鏈賦能體系，而另一個則是小B，被賦能後發揮自身優勢，用社交的方式經營自己的社群。

NOTE

NOTE

第 4 章

你一定得知道，共享經濟帶動哪些新行銷方式

共享經濟從生活走向生產，目標客群也擴大到B

我們知道「共享經濟」是現在非常熱門的概念，上帝創造這個世界，這世上所有資源是供我們每個人使用。但今天，分配不均導致兩極化非常嚴重，因此共享經濟正在快速成長。

根據資料顯示，二〇一六年中國的共享經濟規模達到將近二十萬億元，成長率達到七六・四％，占據全球共享經濟的三三％以上，這說明了中國是全球共享經濟的重要市場。

❖ 從簡單的資源共享，朝向複雜企業端演進

那麼，共享經濟與新零售之間有什麼關係呢？

提到共享經濟，可能大家更熟悉的是優步（Uber）、滴滴打車、房間共享，以及類似這樣一系列的共享形式。然而，共享經濟在近幾年呈現一個特徵，那就是開始逐漸由過去2C生活資料和服務共享，轉向生產資料和服務共享。也就是說，由2C生活共享走向生產共享，而且生產共享的目標客群，已不再是C而是B。

因此，共享經濟開始由以前的簡單資源分享，進入複雜、生態化、多層級的共享平台，由過去比較低階的共享，進入一個更加複雜、面對企業端和創業者、更高層次的共享。

事實上，共享經濟不是一個全新概念，而是從人類誕生以來就一直存在，或者換句話說，對於人類而言，共享經濟是一直存在的生活方式。

例如，以色列有一個村落就是典型的共享經濟。在這個村落中，孩子都不屬於個人，而是歸團體所有。所以，共享經濟在生活當中無處不在，並且人類一直依賴著共享經濟在發展。

到十七世紀，哥倫布發現美洲大陸之後，資產階級逐漸興起。當全世界的版圖連接在一起的時候，私有制開始逐漸取代共享制，並且私有制逐漸超越共享制的發展速度，所以在近代兩、三百年的過程中，私有制在不斷地快速發展。

以前，在中國是「普天之下，莫非王土，率土之濱，莫非王臣」，農民都是租用皇帝的土地，並且繳納稅賦來取得土地的使用權。在英格蘭，土地也是公有制，一直到著名的圈地運動之後，土地開始變成私有（註：圈地運動是指十五、十六世紀，英國等地的毛織業刺激對羊毛的需求，養羊能獲得巨大利潤，於是封建地主紛紛強行圈占農民的土地，用籬笆圈起公家的土地放牧羊群，導致大量農民流離失所）。

在土地被資產階級占有後，農民失去土地，身分由農民變成工人，整個資產階級資本的力量開始在全世界呼風喚雨，現今的私有制就是建立在這個基礎上。

因此，現代國家是在對私有財產保護的基礎上成立，在人類漫長的歷程中，私有制的發展只占了非常短的時間。

今天，**共享經濟在推動共有制、公有制、共享制的回歸，逐漸由生活共享服務進入生產共享服務的領域**。

由於我們越來越難以應對日益嚴重的自然危機、氣候危機及環境汙染，唯有透過共享的方式，才能保護自然資源，實現人類的永續發展。而且，想解決以上提到的問題，必須先建立「促進共享經濟發展」這個重要前提。

群眾募資與斜槓青年，透過平台運用零碎資金和時間

隨著共享經濟的發展，整個社會將呈現出哪些特點和方式呢？

基本上，Ｓ２Ｂ是一個複雜、生態、多層級、高緯度的共享平台，針對生產資料和生活提供服務。今天我們越來越推崇合作式消費，就像我們沒有必要為了喝一杯牛奶，而去建造一個牧場。

今天連蓋房屋都已開始進行「合作消費」，開始大眾籌資買房，大家聚在一起向國家購買土地，聘用設計師和建築師，為房子進行設計和施工，所以當房屋生產出來之後，就變成每個人所有的，這就是一種合作消費。合作消費對應的是「排他消費」，排他消費指的是購入我的私有財產。

❖消費者和供應者共同參與，群眾募資大獲成功

在未來新零售中，共享經濟會扮演什麼樣的角色呢？

1. 資產使用

今天我們對於資產的所有權越來越不重視，我們更加看重的是對這個資產的使用權。

2. 協作經濟

「協作經濟」對應的是過去消費者與供應者之間的對立關係，我買東西、你賣東西，彼此是對立的，所以我們有時候會說「買的沒有賣的精」。但是，在今天協作經濟的背景下，消費者與供應商共同參與產業鏈，例如我們知道的群眾募資模式，就是一種供應商與消費者共同參與的模式。

有個經典案例，一位年輕的小夥子在推特（Twitter）上發出消息：「凡支持我二百美元的人，我可以讓你們成為全世界第一款智慧手錶的擁有者，並可以讓你們參與設計與研發。」最後這個群眾募資大獲成功。

透過這個案例可以看到，**消費者參與商品的研究開發、設計、優化、改進，甚至市場推廣，形成消費者和供應者共同參與。這種模式之所以能成功，是因為行動互聯網的出現，行動裝置變得普及，人們可以透過行動裝置很有效率地組織在一起**。換句話說，這種模式的出現，是因為社會型態的組織方式發生革命性的變化。

3. 高效對接

過去供應商與消費者之間的傳統對接方式，就像劉強東所說的「十節甘蔗理論」（註：「十節甘蔗理論」是指前端包括研究開發、原料採購、生產製造、物流倉儲、訂單處理，後端包括行銷、傳播、終端、訂單、客服等的一條供應鏈）。但是，今天的C2B／S2B模式強調高效對接，甚至人人都可以參與這個鏈結，不再是封閉、僵化，而是變成開放式的平台，人人都可以參與每一個階段。

因此，這個鏈有點像電線，電線越長，消耗的能源就越大，電阻也會越大，然而今天已經把電線變短，電阻也變得非常小。這樣的對接方式就是「人人經濟」，將改變傳統的供應鏈、供應商和消費者之間的對接模式。

4. 線上共享

今天我們願意把自己的研究心得，透過互聯網的方式共享給大家，就是一種線上的共享。

5. 臨工經濟

根據過去的生產生活方式，每個人都在所屬行業的分工中，被固定在一個點上。不過，每個人都有自己的資源和時間，可以透過自身能力參與並投入很多的生產和生活當中。

事實上，臨工經濟（註：Gig Economy，是指由自由業者構成的經濟領域，利用互聯網和行動裝置，將供需雙方快速配對）就是一個全新的分工方式，讓我們可以靈活且變動地利用零碎的資源與時間，參與新的產業或社會分工，就像當前經常提及的「斜槓青年」。

共享的概念再造產業流程，在6面向創造新事物

共享經濟的創始人羅賓・蔡斯（Robin Chase），提出共享經濟的內涵是：**產能過剩＋共享平台＋人人參與**。由此可見，這裡有三個重要因素。

1. 產能過剩：當私有制發展到一定規模時，會出現「囚徒困境」（註：Prisoner's Dilemma，這是賽局理論的經典案例，反映出個人的最佳選擇並非群體的最佳選擇），彼此之間資訊不能互通。生產者和供應者都是獨立做決策，不了解消費者的需求，而消費者也是獨立做決策，不清楚市場的情況。

因此，出現產能過剩，所有人都生產同質產品。中國就是一個產能嚴重過剩

的國家，出現大量的閒置資源，包括供應鏈和產品。

2. 共享平台的出現打破「囚徒困境」。
3. 人人參與整個價值鏈的改革。

以上蔡斯提到的三個重要因素，以今天的共享經濟來詮釋，可說是具備四個特徵：

1. 行動互聯網的普及和應用。
2. 信用的構成。信用的邊界直接制約了經濟擴張的規模，因為今天我們的信用體系不夠健全，尤其是在今天行動互聯網的時代，很多資訊缺乏監控，導致網上魚龍混雜。
3. 平台的出現。
4. 我們的平台是否具備賦能的能力。

以上是今天共享經濟需要具備的四個特徵，共享經濟開始由2C走向2B，由過去的共享進入複雜、生態、多層級及高緯度的共享平台。

歷經三個階段，信用體系的規模逐漸擴大

在這樣的過程中，信用是非常關鍵的事，因為人們**經歷三個信用階段**。

第一階段：宗族社會

人們之間的信用建立在宗族，彼此都互相認識，所以可以信任。

第二階段：工業社會

典型的特徵是對機構中心化的信任，例如我們相信政府、中間機構、媒體，以及一些評級機構和中心化的機構。

第二代信任體系的核心已經變得越來越不可靠，例如，唐納：川普（Donald Trump）競選美國總統時，主流媒體幾乎一致認為他不會當選，但是互聯網媒體反而是一片支持，認為他會成為美國總統。我們都知道最後的結果，主流媒體失敗，互聯網成功了，因此今天中心化的主流媒體，已經越來越脫離信任的體系。

第三階段：資訊社會

今天，我們要與陌生人建構彼此之間的信任，換句話說，誰可以解決陌生人之間彼此信任的問題，誰將變成財富的分配者。舉例來說，阿里巴巴建立陌生人之間的信任體系，人們因為支付寶的金流系統，而敢在淘寶上買東西，並把錢支付給陌生人，於是支付寶成為協力廠商的信任平台。

未來陌生人之間的信用體系成為社會很重要的載體，因為陌生人之間的信任已變得可以實現。**互聯網積累大量的多維度數據，我們可以透過互聯網，看到一個人非常完整的大數據，對他有一個基本判斷。**同時，今天信用機制正在不斷提升與健全，銀行和支付寶的信用體系在各種類型的平台中，留下我們的信用記錄。

因此，在今天這種狀態下，當共享經濟開始走入B端，變成共享經濟的一種生態時，出現了產能過剩，包括閒置資源的失衡需要重新對接。現在，我們具備行動終端普及、支付應用與信用機制的健全等條件，可說是「萬事俱備，只欠東風」。

有一個品牌叫做GirBNB，在信用經濟方面的體現就非常具有代表性，GirBNB創造了陌生人之間的互相信任。房東與房客之間互不相識，但是彼此可以把重要的東西託付給對方。根據相關資料顯示，二〇一六年GirBNB完成三千萬訂單，其中只有〇・〇〇九％出現重大財產損失。

什麼是重大財產損失呢？一千美元以上的補償稱為重大損失，而GirBNB的損失只有〇・〇〇九％。大家可能對於這個數字沒有概念，但相較之下，今天酒店住房的損失則是遠遠高於〇・〇〇九%。這意味著一種全新的共享經濟已經到來。

❖共享的概念把網路、大數據、AI融合在一起

人類的共享已經開始逐漸進入越來越底層。最早的共享只是一些程式設計師透過電腦，共享一個網路的規則。後來，我們在微信朋友圈裡共享自己的生活，接著共享自己的研究成果，然後共享自己的資產。因此，共享已經從生產生活資料的共享，開始進入產業生態的發展階段。

由此可知，**共享的概念把互聯網、物聯網、大數據、人工智慧等一系列的東西結合在一起，實現生產資料的所有權、經營權與使用權的交互運用。**

在這樣的情況下，我們需要完成後面的產業集群重新布局，產業流程重新再造，對製造、物流、通路、媒體、金融等業態進行全面創新，而這種創新就體現

在新零售模式當中。

因此，我們要把產業鏈中涉及的廠房、倉儲、設備、資金、通路等資源，全部資訊化、線上化、智慧化，進行全面升級，把彼此串聯在一起。形成產業規模的優勢，讓供應鏈的長度變得更加簡短，讓運轉效率變得更高，實現相對的競爭優勢。

在這種背景下，會誕生六種全新的事物：

1. 新商品：今天的商品將按照消費者的需求，不斷地優化和調整。
2. 新製造：今天的製造要實現智慧化和大數據，製造能力結合終端去完善，製造規模也結合終端市場不斷調整。
3. 新媒體：將不再依賴過去的中心化媒體，而是依賴人人媒體，每個人都可以透過行動互聯網的媒體，表達自己的觀點和個性化的主張與需求。
4. 新金融：將變成在整個價值鏈條中的人力資源、營運管理，將會2B化、外包化，將更加聚焦於共享化的產業生態，為經營者和消費者賦能。

5. 新服務：將變成消費者服務自己了解與經營的社群，提供他們需要的個性化服務。
6. 新物流：將會結合線上線下的模式去完成。

❖ S2B主導共享經濟和生態鏈的商業模式

在這種狀態下，**共享經濟已進入產業生態階段，由2C變成2B**，如此一來將帶來哪些好處呢？

1. 經濟的去中心化

過去經濟逐漸形成壟斷式的巨頭，中國的百度、阿里巴巴、騰訊壟斷了流量，導致今天的創業環境嚴重惡化。但是，由於分工方式的重新轉變，讓經濟去中心化，將不再有核心角色。就像在S2B新零售模式當中，S是航空母艦，B是戰鬥機，航空母艦和戰鬥機的關係，並非誰擔任中心，而是互相依存與共榮。

2. 市場將會變得民主化

過去的市場受資本支配，資本在產業鏈中發揮非常重要的作用，控制整個產業的上中下游。由於個體經營者和創業者沒有辦法支付硬體成本，因此S2B將會讓平台上有更多參與共享的創業者，逐漸把硬體成本攤薄和降低，資金的力量將越來越難主宰局面。

另一方面，**收入分配將會變得越來越公平，因為角色開始發生變化，我們將會有雙重角色，既是商品供應者、流量供應者，同時也是獲得者和消費者。**

一九八〇年代，改革開放開始啟動，二〇〇八年全球金融危機再次襲來。金融危機就好像私有化經濟下，資本主義體系的一種頑疾，每過十年便帶來一次全球性大蕭條。

因此，新一輪的共享經濟開始有秩序地回歸，而這種回歸是表面生活資料的共享，由2C進入2B逐步地有效恢復到常軌。

人類自私自利的天性，導致我們沒有辦法走出囚徒困境，人類基於自己的私利去算計對方的理性思維，將讓人類越來越陷入囚徒困境。只有共享經濟考慮到人類這種自私自利的心態，開始有償共享，唯有如此，人類的生活才會變得更加美好。

所以，S2B將會是未來二十年，主導共享經濟和產業生態共享經濟的一種全新商業模式和思維方式。希望我們可以發想一個更加和諧的時代！

重點整理 04

- 共享經濟在推動共有制、公有制、共享制的回歸，逐漸由生活共享服務進入生產共享服務的領域。
- 讓消費者參與商品的研究開發、設計、優化、改進，甚至市場推廣。消費者和供應者的共同參與之所以能成功，是因為行動互聯網的出現、行動裝置的普及，人們可以有效率地組織在一起。
- 共享的概念把互聯網、物聯網、大數據、人工智慧等結合在一起，實現了生產資料的所有權、經營權及使用權交互運用。

e-commerce

NOTE

NOTE

NOTE

NOTE

國家圖書館出版品預行編目（CIP）資料

讓粉絲剁手指也要買的 23 個行銷技巧：只要抓住1000個「愛你狂粉」，就能產生暢銷的連鎖效應！／尹佳晨、關東華、鄭彤編著
--初版. --新北市：大樂文化，2019.10
面；公分 . --（Biz；073）

ISBN 978-957-8710-47-4（平裝）
1. 零售業　2. 產業分析

496　　108016997

Biz 073
讓粉絲剁手指也要買的 23 個行銷技巧
只要抓住 1000 個「愛你狂粉」，就能產生暢銷的連鎖效應！

編 著 者／尹佳晨、關東華、鄭彤
封面設計／蕭壽佳
內頁排版／思思
主　　編／皮海屏
發行專員／劉怡安、王薇捷
會計經理／陳碧蘭
發行經理／高世權、呂和儒
總編輯、總經理／蔡連壽

出 版 者／大樂文化有限公司
地址：新北市板橋區文化路一段 268 號 18 樓之 1
電話：（02）2258-3656
傳真：（02）2258-3660
詢問購書相關資訊請洽：2258-3656
郵政劃撥帳號／ 50211045 戶名／大樂文化有限公司

香港發行／豐達出版發行有限公司
地址：香港柴灣永泰道 70 號柴灣工業城 2 期 1805 室
電話：852-2172 6513 傳真：852-2172 4355

法律顧問／第一國際法律事務所余淑杏律師
印　　刷／韋懋實業有限公司

出版日期／ 2019 年 10 月 31 日
定　　價／ 280 元（缺頁或損毀的書，請寄回更換）
I S B N　978-957-8710-47-4

大樂文化